写给过路人

图书在版编目（CIP）数据

人本主义：一位匠造者的世界建设指南 /（英）托马斯·赫斯维克 (Thomas Heatherwick) 著；程纪莲译. -- 北京：中译出版社，2024.6（2025.2 重印）
书名原文：Humanise: A Maker's Guide to Building Our World
ISBN 978-7-5001-7780-7

Ⅰ. ①人… Ⅱ. ①托… ②程… Ⅲ. ①建筑艺术 Ⅳ. ① TU-8

中国国家版本馆 CIP 数据核字（2024）第 053131 号

著作权合同登记号：图字 01-2024-0935 号

人本主义：一位匠造者的世界建设指南

RENBEN ZHUYI : YI WEI JIANGZAOZHE DE SHIJIE JIANSHE ZHINAN

著　　者：[英] 托马斯·赫斯维克（Thomas Heatherwick）
译　　者：程纪莲
审　　校：毛大庆
策划编辑：王海宽　朱小兰　朱　涵
责任编辑：朱小兰
文字编辑：王海宽　朱　涵
营销编辑：任　格
版权支持：马燕琦
出版发行：中译出版社
地　　址：北京市西城区新街口外大街 28 号 102 号楼 4 层
电　　话：（010）68002494（编辑部）
邮　　编：100088
电子邮箱：book@ctph.com.cn
网　　址：http://www.ctph.com.cn

印　　刷：北京利丰雅高长城印刷有限公司
经　　销：新华书店
规　　格：880 mm × 1092 mm　1/32
印　　张：15.5
字　　数：150 千字
版　　次：2024 年 6 月第 1 版
印　　次：2025 年 2 月第 3 次

ISBN 978-7-5001-7780-7　　　定价：126.00 元

中　译　出　版　社

THOMAS HEATHERWICK

人本主义

一位匠造者的世界建设指南

〔英〕托马斯 · 赫斯维克 - 著

程纪莲 - 译　　毛大庆 - 审校

中国出版集团
中译出版社

第一部分

人本化与非人本化的地方

第二部分

无聊崇拜是如何席卷世界的？

第三部分

如何使世界重新人本化

第一部分

人本化与非人本化的地方

人本化的地方

我有生以来花过最值的 £6.99[1] 是在 1989 年 1 月的一个下午；当时是在英国的布莱顿，我在一个学生图书义卖会上看到了一样引起我注意的东西。

我此行的目的本是为了参加萨塞克斯大学（University of Sussex）的开放日活动，顺便想去看看那里的三维设计课程。我从小就对新发明、新创意以及产品设计十分着迷。18 岁的时候，我在伦敦的金斯威普林斯顿学院（Kingsway Princeton College）攻读艺术与设计专业的英国国家教育文凭（BTEC National Diploma），学习素描、绘画、雕塑、时装、纺织品和三维设计。在此前的几年，我早已抛弃了从事建筑设计的念头；那些我所看到被称为“建筑”的世界，令人感到冰冷、费解且毫无新意可言。

但当时，我闲逛到了学生组织的图书义卖会，信手拿起这本书，随意翻开了一页；大脑中的某个开关突然就被打开了。

---

① 1989 年 1 月 6.99 英镑约为同年人民币 46 元。

书名：《安东尼·高迪》
作者：赖那 · 策伯斯特（Rainer Zerbst）
出版社：塔森（TASCHEN）

MOLINS S.A

我看到了一座又大又脏的建筑的照片，它位于巴塞罗那市中心的一处街角。这座建筑名叫“米拉之家”（Casa Milà），它和我这辈子见过的所有建筑都不一样。它既有令人难以置信的原始石刻雕塑的特征，又兼具现代公寓大楼的特质。

我惊呆了。我不知道竟还有这样的建筑存在。

我不知道这样的建筑居然能存在。

如果建筑可以是这样的，那么为什么没有更多这样的建筑呢?

如果建筑可以是这样的，那么它们还可以是什么样子的呢?

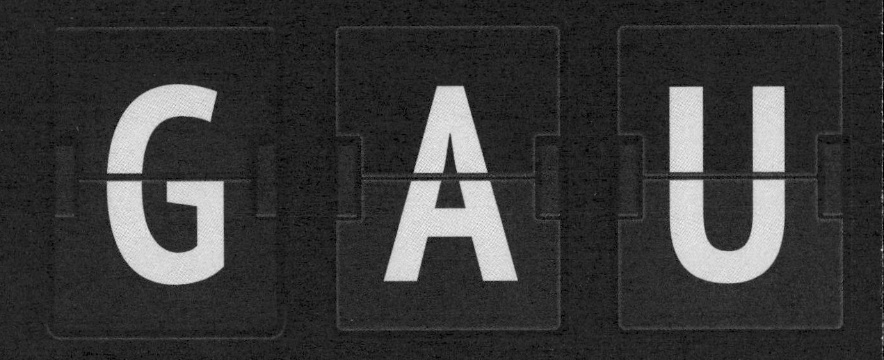

33 年后，我前往巴塞罗那参观米拉之家。我刚从慕尼黑开完会，在排队赶飞机的时候，我听到一位乘客急匆匆地打着电话。我德语说得不太流利，不能完全听懂她在说些什么，但我能清楚地听懂一个词——我要去参观的那座建筑的建造者的名字，她不停地重复着，“高迪……高迪……高迪……”每隔一会儿就会重复一次。

DÍ

在这次旅行之前，我曾数次亲眼目睹过米拉之家的风采。但今天，我感到比以往更能清晰地领会它的天才之处。我在伦敦国王十字区（King's Cross）领导着一个繁忙的工作室，设计过桥梁、家具、雕塑、圣诞贺卡、汽车、船只、纽约市的“小小岛”公园（“Little island” Park)、伦敦新双层巴士（London's red Routemaster buses），以及 2012 年伦敦奥运会开幕式的主火炬。但我们主要还是设计建筑。因此，我深知金钱、时间、规章制度以及政治的力量，也体验过决策人物随时可能对你说“不”的经历。我理解一个创造性构思将面临或被淡化的无尽压力，也明白建造任何一座新建筑是多么困难，更不用说建造有特色的建筑了。

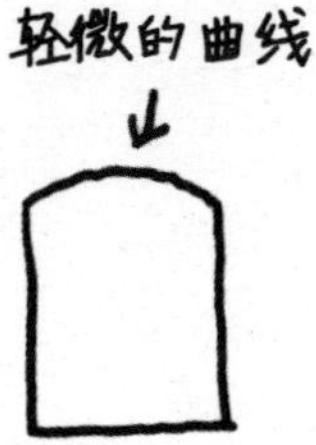

我还记得最近在伦敦与一个友善的建筑事务所的会谈——我和我的工作室提议在一扇原本是长方形的窗户上方引入一条轻微的曲线。当我展示这一设计时，他们评论道：“哇，你真勇敢。”这句话如同一个令人不安的征兆，我意识到建筑设计领域存在着严重的问题。但现在，当我走近米拉之家时，眼前的建筑让我把那种惶恐彻底抛之脑后，而这一杰作的缔造者曾说过：“直线属于人类，曲线归于上帝。”

米拉之家是一场毫无顾忌的曲线盛宴。16 套公寓的窗户像是在石灰岩峭壁上精雕细琢而成；它是“扁平”的反义词。这座 9 层建筑的正面在光线的照射下起伏跌宕，在空中翩翩起舞——时而进入，时而退出，忽而上升，忽而下落——整座建筑几乎像在呼吸一样，令人惊叹不已。

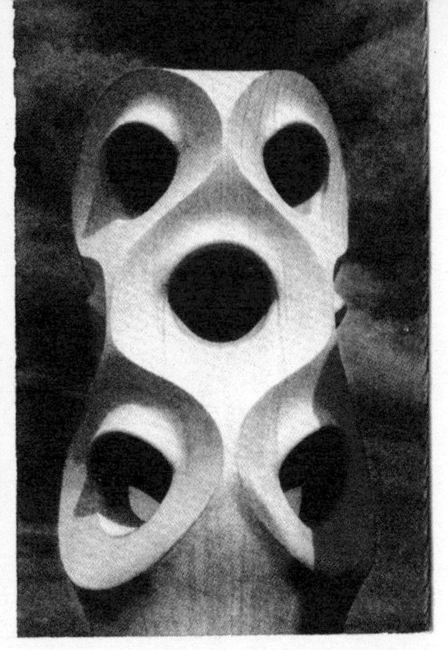

石头前面是锻铁阳台，它们以抽象的形状不对称地翻腾曲转着，像巨大的海藻保护着人们免于跌落。在屋顶，形式缠绕盘旋、极具艺术性的烟囱和通风道从一个大露台上拔地而起。米拉之家于 1912 年竣工后，评论家们给它起了一个绰号——采石场（La Pedrera 或 The Quarry），因为它看起来就像是直接由地上的石头雕刻而成的。

和今天一样，高迪的建筑在当时举世轰动，《加泰罗尼亚日报》（*Ilustració Catalana*）一类的流行杂志报道了米拉之家建成的消息。不过，尽管高迪备受赞誉，他还是惹上了当地政府的麻烦——米拉之家违反了多项城市建筑法规：它的高度超过了限制许可，而且立柱侵占了部分的人行道。

当高迪得知建筑检查员的检查结果很糟糕时，他威胁说，如果柱子被迫“砍掉”，他会放上一块牌子，上面写着：柱子缺失的部分是受市议会的命令移除的。最终，这些柱子被保留了下来，但高迪却被要求缴纳 10 万比塞塔[1]的罚款。这是笔金额不菲的罚款，仅比高迪设计这座建筑的全部酬金 10.5 万比塞塔略少了一些。

当我站在米拉之家繁忙的十字路口的另一侧时，不禁想到，当高迪和他的委托人在为这座城市献上一份无价之宝时，当局却对他处以巨额罚款，这实在令人震惊。尽管这座建筑是为了给富人提供高档公寓而建造的，但我相信它是一份礼物。米拉之家是一份令人惊叹的慷慨之举。自私的建筑只关心自己能否为业主牟利，而无视其他人的感受，米拉之家却会俘获每天路过的每个人的内心；它想要让我们充满敬畏，让我们绽放笑容。即使抛开这座建筑和高迪的其他建筑作为旅游景点为这个国家带来的财富不谈，米拉之家为平日里难以计数的过路人带来的纯粹快乐也是难以估量的。

---

① 西班牙及安道尔在 2002 年欧元流通前所使用的法定货币。——译者注

在人行横道上等待时，我陷入了沉思，是什么让米拉之家在视觉效果上如此成功？部分原因在于它用华丽而独到的手法，将重复性和复杂性完美地结合在了一起。

人类似乎总是被重复性所吸引：我想到了希腊神庙的柱子、都铎式建筑的木梁上重复出现的图案、英国乔治王时代建筑风格的新月形排屋上重复出现的窗户。我们天生就喜欢艺术品和物品中的秩序、对称和模式性图案。

但我们并不喜欢过多的重复。恰到好处的重复给我们方向感和安全感；而过分的重复则会让人感到压迫、乏味和专横。

人类也喜欢复杂性。作为动物，我们天生好奇、聪明，而且也很容易感到无聊。我们倾心于有趣的事物——那些吸引我们多看一会儿才能理解的东西。但是，完全失去秩序或重复性的复杂事物会让人感到不安和混乱。

我们喜欢的是重复性和复杂性的恰当结合。二者缺一不可，相辅相成。这肯定与我们在自然环境中的进化有关。当回忆起森林中的树木、湖面上的涟漪或者蝴蝶翅膀上的斑纹时，人们就会联想到重复性与复杂性相映成趣的画面，几乎每个人都能从这些图像中感受到恬静的喜悦。

如果想要设计一座对大多数人都有吸引力的建筑，那么重复性和复杂性就是至关重要的工具。这两种力量既互相对立，又彼此需要。当它们的审美张力平衡得恰到好处时，就有可能创作出令大多数人都惊叹其美丽的作品。

披头士乐队,《黄色潜水艇》节选

除了建筑之外，音乐和故事等其他艺术形式也会在重复性和复杂性上做文章。在一首音乐中，鼓点、主歌和副歌的结构范式都是可以重复出现的，但在这些元素的基础上，还会经常在弦乐器、歌词以及节奏和情感强度的变化上，引入复杂性的叠加。披头士乐队的音乐《黄色潜水艇》与古典音乐作曲家肖斯塔科维奇的前奏曲之间的区别在于，前者更倾向于重复，而后者则更倾向于复杂。他们的乐谱完全处于两个极端，但却使用相同的基本工具。同样地，当我们阅读一本引人入胜的小说或者观看最新的惊悚片时，我们可以感受到故事中的典型结构范式：剧情跌宕起伏，然后导向事先注定的结局。我们明明知道它会发生，却不觉得无聊，因为作者在陈旧的范式中引入了足够的复杂性来保持观者的兴趣。

德米特里·肖斯塔科维奇，《钢琴前奏曲 I》节选，作品 34

就像一首优美的音乐或一本引人入胜的小说一样，米拉之家也有一种可预测的范式：水平的地板、垂直的柱子、纵横排列的窗户、曲线状的石灰岩。但它也是极其复杂的。米拉之家不像很多现代建筑那样让人一眼就能看懂，它需要人们多看两眼，然后是第三眼，第四眼，进而人们会伸长脖子，眯起眼睛，不禁微笑，试图把它完全吸收进脑海之中。这感觉就像你的大脑在努力解决一个充满趣味的三维谜题一样。

当我穿过马路走向这座建筑时，我注意到它的大小也非常完美。如果同样的窗户和阳台再向上重复一层或者沿着街道继续复制下去，就会变得过于重复，其平衡将被打破，魔力也会随之消失。

当我踏上米拉之家门前的人行道时，我看到它的每个部分都蕴含着精湛的工艺。我在职业生涯的早期曾花时间研究事物制作的过程，所以我知道通过雕刻木头、开凿石头和锤击大块的热钢去创造事物是一种什么样的感受。阳台上的铁艺弯曲自如、曲线流畅，令人匪夷所思。根据我自己在铁砧上敲打铁块的经验，我可以想象加热、扭转、锤打这些造型的惊人难度，更不用说将它们举起来了。当我抬起头，我甚至看到每个阳台上的铁艺都不尽相同。如刚才所说，“这里的铁艺同时具有重复性和复杂性，堪称不朽的经典”。

这座建筑的石墙表面也体现出肉眼可见的精湛工艺。尽管它从远处看起来很光滑，但它的建造者并没有为了使其在近处看起来也是光滑的而刻意投入额外的金钱把凿痕打磨掉。

相反，它毫不掩饰地展现出原始的状态，细小随意的刻痕又增添了另一层复杂性，提醒我们这是人类双手的杰作。它并不以其粗糙的、斧斫的痕迹为耻。随着天气与太阳方位的变化，阳光照射这成千上万的粗犷手工刻痕的方式也随之变化，这使得其表面在不同时段看起来也各不相同。

我最珍视米拉之家的一点是它的三维立体感；这与我们已经习以为常的扁平的二维现代建筑截然相反。站在它旁边，从街道向上端详，可以看见它在人行道上方弯曲进出，在明暗之间优美地转换，给人一种奇异的感受：仅仅只是看着，就仿佛在触摸它的表面一样。

33年前，我曾在一本书中看到过它，这本书至今仍放在我工作室的书架上——已被翻烂，贴满了便利贴。我第一次参观米拉之家时，它还挂满了煤灰；33年后，煤灰已经被清理干净，它现在的状态与之前相比要好得多。当年它让我如此兴奋的部分原因在于，这不是一座历史悠久的城堡，也不是来自遥远时代的皇家宫殿；这是一座为机械时代而建造的现代化建筑。它有电梯，可以运送住户往来于各个楼层之间，还有一个后门，可以通往地下停车场。是它让我知道，现代建筑也可以像艺术品一样美丽而有趣。

作为一个年轻人，当我看到米拉之家的照片时，我爱上的不是一座建筑，而是所有建筑可以具备的潜力。在去布莱顿的那天之前，我一直认为建筑世界是固定不变的。老建筑几乎总是令人着迷，而不知怎的，新建筑却几乎总是沉闷枯燥、单调乏味。建筑好像注定是这个样子。但是，米拉之家在这个固定的现实中打开了一条裂缝。

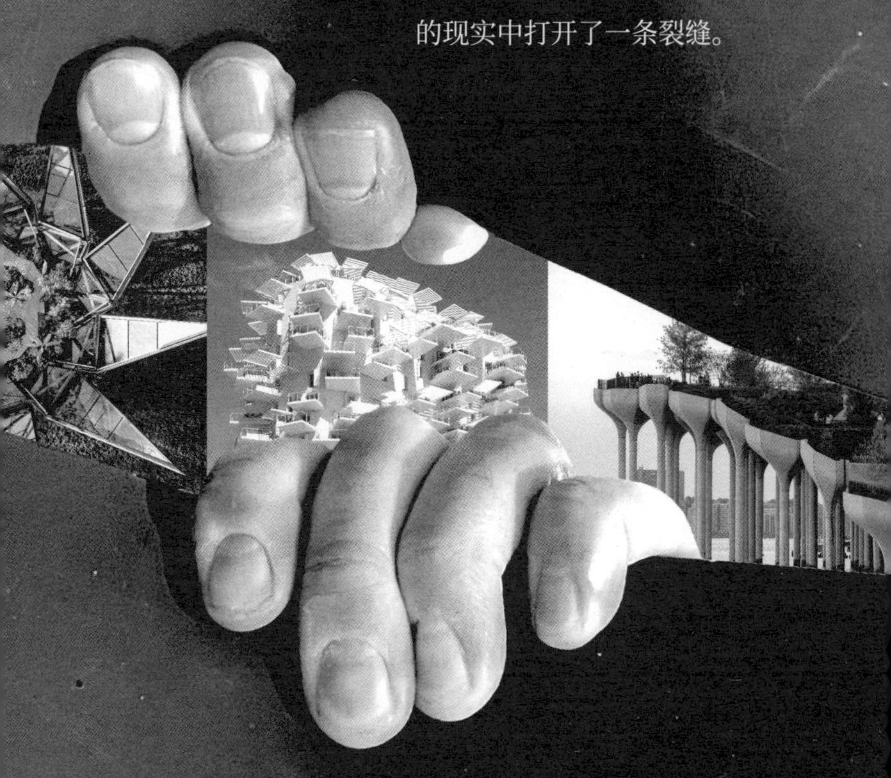

透过那道裂缝，我瞥见了这个世界可能的样子。

完整插图说明见第 494 页

从米拉之家向东北方向步行 20 分钟，我看到了高迪最著名的建筑——圣家族大教堂（Basílica de la Sagrada Família[①]），它同样也体现了重复性和复杂性，但其表现出来的程度却令人震惊。圣家堂的建筑风格融合了哥特式和新艺术运动的风格，有着天主教大教堂的标志性元素，但这些古老的元素被重新拆分、叠加、缠结、修饰，让人目不暇接，在脑海里迸发火花。

在这座建筑中，复杂性占据了上风：仅凭一眼，甚至十几眼，都不足以让人领会它的内涵。它周围的街道和公园里挤满了驻足观赏的游客。他们站在那里，目不转睛地向上望着，试图解开这道精彩玄妙的复杂视觉谜题。它真的太复杂了，我甚至没办法回忆出自己到底看到了什么，仿佛是在凝视着无穷之物。这座建筑“戏弄”着我的情感。我首先感到的是敬畏，对这些体型庞大、肌理丰富、错综复杂的塔楼的敬畏。同时，我也对渺小的人类能够构想出这样的事物，然后协调自己的力量将材料变成这座建筑感到无比惊叹。在敬畏之余，还有喜悦。圣家堂给人的感觉就像是一场疯狂的庆典，不仅是对高迪的天主教上帝的庆祝，也是对我们人类创造出不可思议事物

① 又译作神圣家族大教堂，简称圣家堂（Sagrada Família）。——译者注

的能力的庆祝。它似乎是在宣告："这就是我们的力量，我们是了不起的。"当我走近看时，这座建筑向我展示了它的幽默和胆识：细细的尖顶上缀满了色彩鲜艳的水果——苹果、葡萄和橙子；塔楼上用华丽的大字写着天主教的赞美之词，比如"sanctus"[①]和"hosanna excelsis"[②]；真正的酒瓶碎片被嵌在了墙壁上，就像派对上的残羹剩饭一般。

在三月份一个寒冷周四的午餐时间，我来到了这里，和成千上万的游客一起，完全沉浸在这座甚至还没有完工的建筑中。高迪于 1883 年开始圣家堂的建造工程，预计完工时间为 2026 年，同样也是他逝世的一百周年。我不知道我在德国机场无意中听到的那位年轻女士，是否也在人群中的某个地方耐心地等待着进去参观。

---

① sanctus，圣哉，赞美诗《圣哉经》的起首语。——译者注

② hosanna excelsis，译为"欢呼之声，响彻云霄"，赞美诗《圣哉经》诗词。——译者注

圣家堂是有史以来最奢华、最慷慨的建筑。每年约有450万人排队进入教堂，并且还有2 000万人来到这里只是为了欣赏它的外观。这是一种大众化的文化娱乐，其成功之处在于它能像任何流行歌曲、畅销小说甚至电影大片一样，巧妙地调动和撩拨人类的情感。

这是一座极度人本化的建筑，因为它能与人们产生共鸣，为人们的生活增添色彩。它是由那些深切关注普通人的需求、习惯和乐趣的那些工匠创造出来的。我们这一大群形形色色的人从世界各地慕名而来，也是因为这是一座极富人性的建筑。

随后，我跟随游客的足迹来到了巴塞罗那的哥特区。高迪的圣家堂和米拉之家是独一无二、独具一格的，而哥特区则是历经 2 000 多年，由数百座建筑组成的。这里的建筑也起到了大众文化娱乐的作用，吸引了数以百万计的游客。很显然，这也是一个以人为本的地方。

为什么这么说呢？与米拉之家和圣家堂一样，哥特区的建筑也充满了秩序和复杂性，这不仅仅体现在其装饰元素上，比如门窗上方的雨漏石像和复杂的造型。窗户的位置变幻莫测、大门的高度参差不一、墙壁上建造工匠留下的肌理以及错落起伏的鹅卵石街道，都增加了建筑的复杂性。此外，几个世纪以来的使用也在其中留下了许多痕迹——因事故和维修造成的划痕和补丁、被数百万人的鞋底磨平的铺砌人行道。木头、未经打磨的石头和破旧的砖块等材料有着复杂性；建筑表面被几个世纪的风雨侵蚀而呈现出的各种形状和图案有着复杂性；门上的一组铁钉也有着复杂性，每个铁钉周围都有一圈污垢，几个世纪以来，清洁布都没有真正地碰触到下面的橡木。

在哥特区，没有什么是真正扁平的。放眼望去，立体感随处可见。即使在小巷中也是如此，宽度不断变化的小巷并不是一条笔直的线，而是迂回曲折、弯弯绕绕，不断给旅行者带来新的视角。这里还有戏剧般的场景：当一条神秘的通道在高墙裹挟着的阴影中忽然豁然开朗，戏剧性地到达一个阳光明媚、在偏离中心的位置种着一棵橙树的鹅卵石广场时，我意识到，如果从一条宽阔笔直的街道走向同一个广场，我就不会有这样激动人心的感觉了。我觉得自己就像个冒险家，正进行着一系列奇妙的探索。

在这里，我所看到的每一个地方都有故事的线索或片段。就像圣家堂中那些讲述天主教生活和神话的文字和符号一样，这里的角落里也有神龛和破旧的雕刻，甚至还有古代行会和俱乐部的奇怪盾牌，它们诉说着那些失落的旧日繁荣。

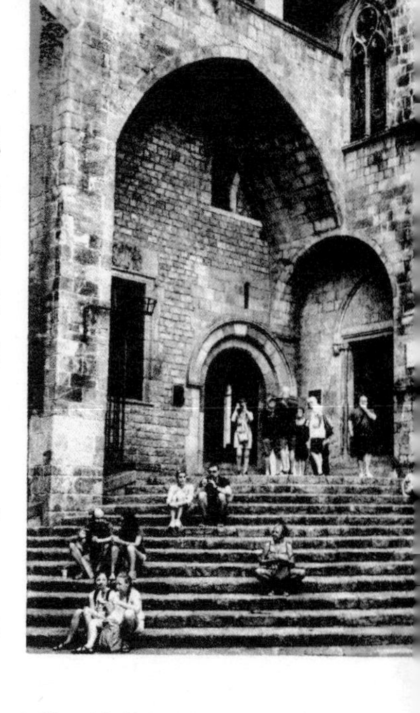

人们有时会说，我们可以从建筑中知晓自己的身份。在哥特区，这些建筑千姿百态的外观自信地体现出了世世代代加泰罗尼亚人（Catalans）的身份。

这个地方的人本特质并非出自高迪这样的孤独天才之手，而是由数百名设计师一点一点、年复一年地建造出来的，这些设计师现在大多不为人所知，他们有一种习惯：给予人们所需之外，满足他们的所想所望。实用之余，大多数人都会认为这些建筑很美观。高迪的作品之所以如此精彩，是因为他能够从这些建筑中汲取迷人的特征和气质，然后将它们重新设计成新的东西，而没有直接复制任何一个细节。

而他这样做的结果也同样吸引人，让人感到喜悦。对我来说，无论是哥特区的街道还是高迪的建筑，都是为普通人建造的宫殿。它们给人的感觉就像是对人本——对人类的需求、愿望和活动——的颂扬。每个人都可以体验而不需花一分钱。这些建筑令人振奋、令人向往，给予我们的也远超最基本的供需关系。这些建筑让我想起了莫斯科和斯德哥尔摩的地铁站，它们为旅客的每次出行都提供了戏剧般的体验。虽然它们不是纯粹的“建筑”，但它们给予我们的也比最基本的供需关系更丰富，并以其慷慨的人本特质成功地为成千上万的人带来每日的愉悦。

莫斯科地铁站

与高迪和哥特区的建筑一样，这些地铁站的建造也考虑到了人类的需求、愿望和活动。它们被期望能受人们喜爱而创造，也被期望使用时间远超其创造者的寿命。它们的建造并不仅仅是为了给老板赚钱，或是作为某家保险公司的总部使用三十年后就拆除。它们是为了延续使用数百年而建造的。

没有哪个理智的人会允许如此广受喜爱的建筑被无谓地拆除。

唯一可能导致它们毁灭的只有自然灾害或者战争。

在巴塞罗那哥特区以西10公里处，坐落着另一座人民的宫殿。瓦尔登7号（Walden 7）建于1975年，由建筑师里卡多·波菲（Ricardo Bofill）设计，它并不是像米拉之家那样的豪华公寓楼，而是一座保障性住房建筑群，与当时其他类似项目相比，它造价更低。虽然对大多数游客来说，这里离市中心很远，但当我到这时，却看到一大群十几岁的学生在这里拍照、做笔记、画素描，我猜他们的导师正带着他们参观。瓦

尔登 7 号楼高 14 层，共有 400 多套公寓，分布在 18 座塔楼中，这些塔楼环绕着 5 个庭院。与高迪设计的那些建筑一样，它也是一座慷慨的建筑，努力激发着人们的敬畏和迷恋之情——而且不仅仅是对居住在这里的人们而言。瓦尔登 7 号是深赭石色的，并且具有一种不同寻常且符合当地特色的摩尔式建筑风格，让人根本无法在匆匆一瞥中完整地领略它的魅力。圆柱结构的阳台将建筑的窗户暴露出来，同时又以复杂的图案排布在建筑的表面。它的墙壁也是三维立体的，而且变幻莫

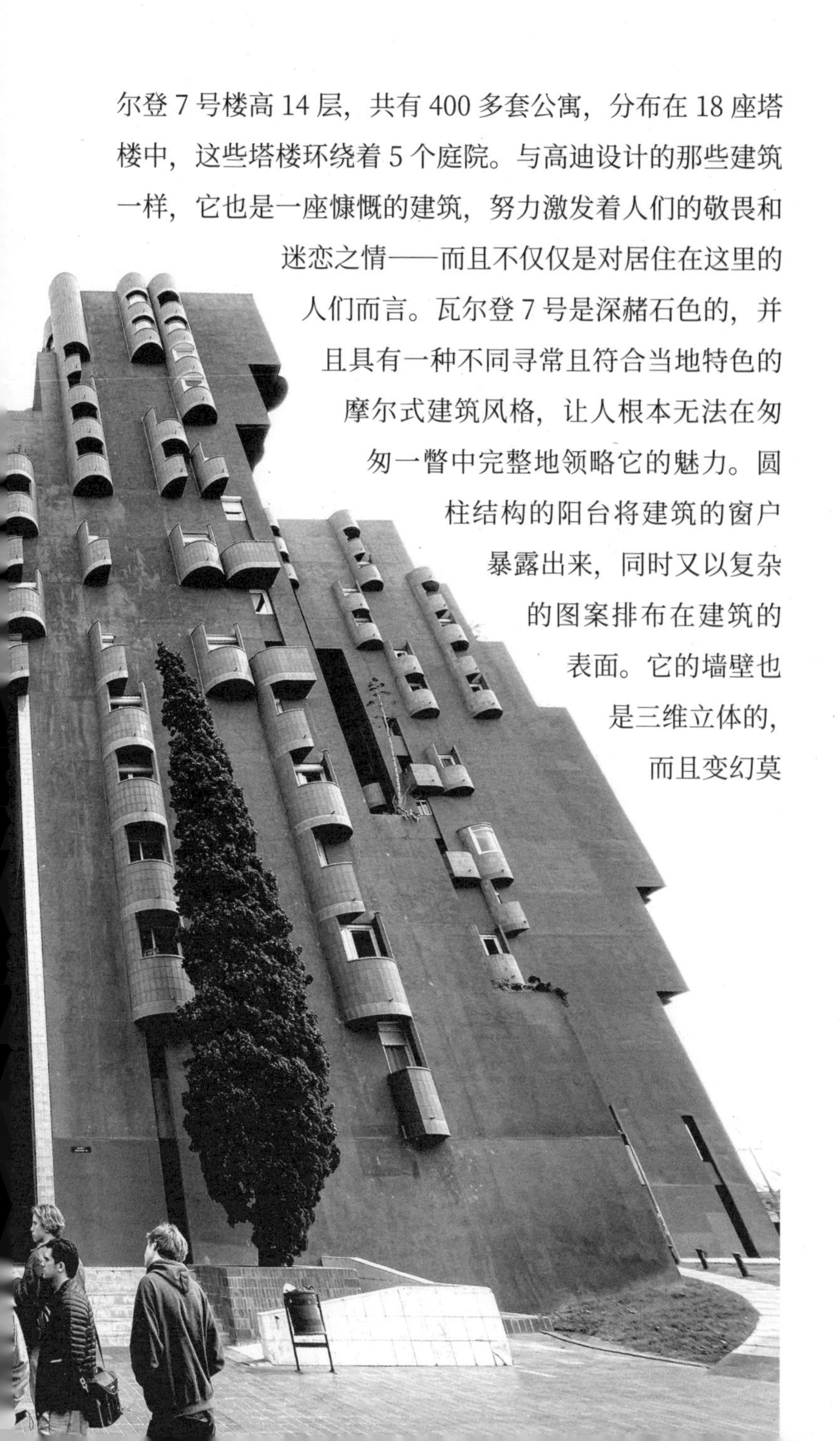

测，每隔几层就会移进移出。这是一座会让人驻足惊叹的建筑。瓦尔登7号的入口并不像人们想象中“经济适用房”项目的入口那样狭小。相反，它深邃而宏伟，光影和蓝色瓷砖闪烁的微光穿透而过，格外引人注目。走进其中，仿佛进入了科幻小说中的外星宫殿。

无论我们是谁，无论我们来自哪里，我们都需要相信自己是与众不同的，这是人本的基本特质之一。虽然瓦尔登7号是为社会经济地位较低的人们建造的社会福利住房，但是，每天在他们来来去去之际，这座建筑却可以给予他们超级英雄般的自信体验。这不是一座用昂贵（expensive）的材料为高贵（expensive）的人群建造的华丽（expensive）建筑。它的设计中被倾注了大量关怀和关注，而这种关爱感和随之而来的自豪感将会鼓舞这里的居民几十年。

当我站在一堵矮墙上，看着学生们的导师指着屋顶时，我的想法与33年前在布莱顿的那次图书义卖会上一样。

如果有些建筑可以像这样，让我产生这种感觉，那为什么没有更多这样的建筑？

两周后，我来到加拿大的温哥华，住在一家靠近海滩的酒店里。马路对面是一个大广场，一直延伸到温哥华港（Vancouver Harbour）的边缘，广场很宽阔，大部分是平地，几乎没什么人。广场上有很多明显的重复，但却很少有复杂的设计。沿着广场的一侧是一些倾斜的灯柱和仙人掌俱乐部咖啡厅（Cactus Club Cafe）的黄色遮阳篷。入口处摆放着 2010 年温哥华冬奥会主火炬的大型雕塑，半透明的杆状结构以帐篷的形状相互支撑。

除了雕塑，在周围的建筑中，没有什么可以滋养大脑的东西了。谢天谢地，海湾里有波涛汹涌的灰色海水，远处有白雪皑皑的群山，还有一架嗡嗡作响的水上飞机在港口上空盘旋降落。

广场靠近城市的一侧是一片由钢铁和玻璃建成的大厦森林。它们外观统一，颜色也大致相同——银色的铝合金配以绿色的玻璃窗。这些塔楼给人一种单薄、无常和空洞之感，而且它们完全是匿名的。它们可能出现在世界上的任何地方：赤道上、北极圈附近、新加坡、安克雷奇、内罗毕或者珀斯。

在这些不知名的大厦中，我看到了一个有趣的屋顶。*
它所属的建筑是用棕色的砖块和灰色的石头砌成的；不同高度的组成部分向中心聚集，在建筑的顶部还有一个绿色的金字塔，整个建筑看起来很复杂——我必须多看几眼才能弄明白。

我朝它走去，穿过车流，走上混凝土楼梯。在我经过的建筑前，我看到了更多雕塑。它们的目的似乎是为了分散路人的注意，好让人们忽略周围那些迅速建造而成的无名建筑 。它们给人的感觉像是在致歉——为毫无趣味的新建筑的失败而忏悔致歉。我知道这就是现实。当我刚成立自己的工作室，梦想着能被委托设计真正的完整建筑时，我们却屡屡被委托制作那些被设计成艺术品的物品，就像

这些雕塑一样。这些物品拥有艺术的伪装，被设计给那些大失所望的客户。他们已经意识到，如果没有这些物品，他们的场所就不够有趣。这些艺术品的存在，弥补了因建筑设计欠缺而造成的公众体验不佳。

很快，我就发现自己站在了道路的另一侧，与那幢屋顶密集、造型有趣的建筑——海洋大厦（Marine Building）隔路相望，我自然而然地研究起了建筑的一楼，然后向后倾身，视线沿着建筑的纵高快速上移，直到到达顶部，目光在那里又停留了一会儿，仔细观察着屋顶的细节。这就是我们大多数人欣赏高层建筑时的本能反应。这座建筑的设计者——麦卡特奈恩建筑工程公司（McCarter & Nairne）似乎深谙此道。这座建筑最有趣的元素位于底部和顶部，这是人们视线会自动停留的地方。而其最具活力的元素则集中在它离地 40 英尺（约 12.19 米）的高度内，这也是大多数建筑最吸引人的地方。

海洋大厦建成于 1930 年，比米拉之家晚了 18 年，是一座采用当时流行的装饰艺术风格（Art Deco）建造的摩天大楼。它虽然不像高迪的作品那样有着优美的曲线，但也无需如此。它非常复杂，重复性很强，虽然大部分都是普通而又廉价的砖块，但它也有选择性地表现出了奢华和大气。它的墙壁在真正重要的位置挥洒了人文的笔触。当我穿过马路向它走去时，我开始在上面逐渐辨认出一些图像：鱼、海马、龙虾、海星、螃蟹、齐柏林飞艇、潜艇、远洋客轮、战舰、蒸汽船，还有著名探险家的船只——弗朗西斯 · 德雷克（Francis Drake）的“金鹿号”（Golden Hind）、库克船长（Captain Cook）的“决心号”（Resolution）和乔治 · 温哥华船长（George Vancouver）的“发现号”（HMS Discovery）。

与瓦尔登 7 号一样，海洋大厦也有一个让这里的居民和游客感到与众不同的入口。两扇宽大的旋转门上镶嵌着金色的边框，一轮冉冉升起的太阳将耀眼的光束投射在一艘木船上，船帆飘扬，在中心形成一个十字。六只巨大的加拿大鹅高飞在太阳之上。在离地面上的人们最近的位置，几乎每个墙面都有着复杂的图案，有的是手工雕刻出来的，有的则是以材料的自然外观呈现的。

就像在巴塞罗那一样，这里有太多东西需要我去领悟，我不由得驻足，尽情享受探索其奥秘的乐趣。当有人质疑海洋大厦所谓奢华的装饰的实际功能时，建筑师麦卡特（John Y. McCarter）为其辩护说：“（我想创造一些）有吸引力的东西。现在你和我一样清楚，你想做到这一点，但并非总能如愿……老温哥华酒店有种东西，你能看出来吗？是氛围，他们曾试图在新酒店里营造出这种氛围，但一直没能成功。你在那什么也感受不到，但是在老酒店——就很有氛围。”

我从来没有见过老温哥华酒店（或者说是新酒店），但在我看来，麦卡特确实实现了他赋予其建筑“氛围”的目标。海洋大厦既有某种氛围感，也有自己的个性。

它会引发一系列微妙的情绪波动，让人感到有趣。它具有慷慨的精神。它讲述了一个关于冒险、发现和海洋奇观的故事。它提醒我们：我们周围的世界是有趣而又富有生命力的。

它仿佛是那些挂念人类的愿望与渴求之人的杰作。

离开海洋大厦，我向城市深处走去。西黑斯廷斯街（West Hastings Street）宽阔笔直的大道丝毫没有巴塞罗那哥特区的神秘感和冒险色彩。问题不仅仅在于街道的宽度。更确切地说，这里给人的感觉不像是一个人类生活的地方。它给人的感觉就像是为了汽车和金钱这些毫无人性的利益而建造的。

我的右手边是温哥华的品纳寇海滨酒店（Pinnacle Hotel Harbourfront）。与高大厚重但层次分明的海洋大厦以及哥特区又高又窄的建筑不同，这幢建筑给人一种十分夸张的横向齐平感，看起来好像倾斜向了一侧。当人们在某个场景中行走时，头部会向下倾斜 10 度左右，这使得人们更习惯于沿着自己的视线看向前方，而不是向上或者向下看。过度强调水平向的线条，往往会造成一种令人压抑的重复效果。解决这种水平方向重复所造成的单调的唯一方法就是复杂性。

但这里并没有出现任何复杂性。走过品纳寇海滨酒店，我看到的大多是大块的玻璃格窗和塑料标牌。它巨大的窗户从天花板一直延伸到了地板。这是当代商店、咖啡馆和办公室的一个共同特征，它们本应该最大限度地利用光线和商业展示空间，但实际上，却只是将人们的目光集

从这栋建筑的底层走过去，
你会觉得有趣吗？

中在了靠在玻璃上的包包、废纸篓以及吸尘器撞到桌腿和墙壁时留下的擦痕上。

深色平窗和红色招牌的上方是一堵平行于地面的浅色混凝土墙面。由于当时决定不在这堵墙的正面悬挑任何可以疏导雨水的屋顶，所以长年累月的滴水已经在它的表面留下了难看的垂直条纹。

有人会关心楼顶的这个“不明飞行物”吗？

巴塞罗那的建筑充满了有趣的肌理，这有助于它们以一种不同寻常的方式隐藏污垢和老化的痕迹，而这些未经修饰的表面就像一张空白的画布，数十年来倾盆大雨留下的斑驳污迹显得格外突出。

条状混凝土墙面的上方是另一堵同样平行于地面且毫无特色的黑色墙体，墙上长着一些脏兮兮的畸形灌木。在这些之上是酒店房间的高墙，它们排列成空白、重复的网格。这座建筑的设计中没有任何好玩儿的复杂性，因此，你只需扫上一眼，就能了解整个设计。奇怪的是，最有趣的特征是那些污渍。在其顶部还有一个形似飞碟的奇怪圆盘悬在楼顶，它很可能是一家餐厅，但这并不是为过路人设计的，因为人们从街上根本无法看清。

麦卡特曾经谈到的“氛围”何在？趣味何在？故事何在？颂扬何在？慷慨何在？关爱之情何在？人情味又何在？如果要在繁忙的街道上建造一座巨大的建筑，让成千上万的人每天都能感受到它的魅力，那么需要关注的难道不应该是如何让周边地区的人们感觉良好，而不仅仅是让酒店里的客人在房间里感觉良好吗？

在下一个街区，我经过了一片薄薄的常春藤蔓，它几乎遮不住一大排空调出风口。我走着，又热又脏的空气扑面而来。不管这座建筑是什么，很明显这是它的背面而不是正面，所以它的外观和行为都无关紧要。它似乎并不在乎这是一座世界闻名的城市中的一条主要街道，每天都会有成千上万的人穿行于此。在巴塞罗那和温哥华的其他建筑中体验过慷慨之后，在这里我又遭遇了自私。

在繁荣昌盛的21世纪，为什么我们周围都是像品纳寇海滨酒店这样的建筑，而没有更多像瓦尔登7号这样的建筑呢？

像瓦尔登7号这样的建筑向我们表明，在现代社会，不用花费巨额的资金，也有可能建造出以人为本的建筑。

那么，我们为什么不去这么做？

为什么我们还要继续建造这样的建筑？

如果你不亲身处于建筑行业，答案或许会让你大吃一惊。

在20世纪最初几十年的某个时候，当海洋大厦和米拉之家正在建造之时，我们对建筑的看法发生了一场惊人的变革。一套关于建筑外观的全新且激进的理念席卷了理论界和实务界，随后席卷全球。

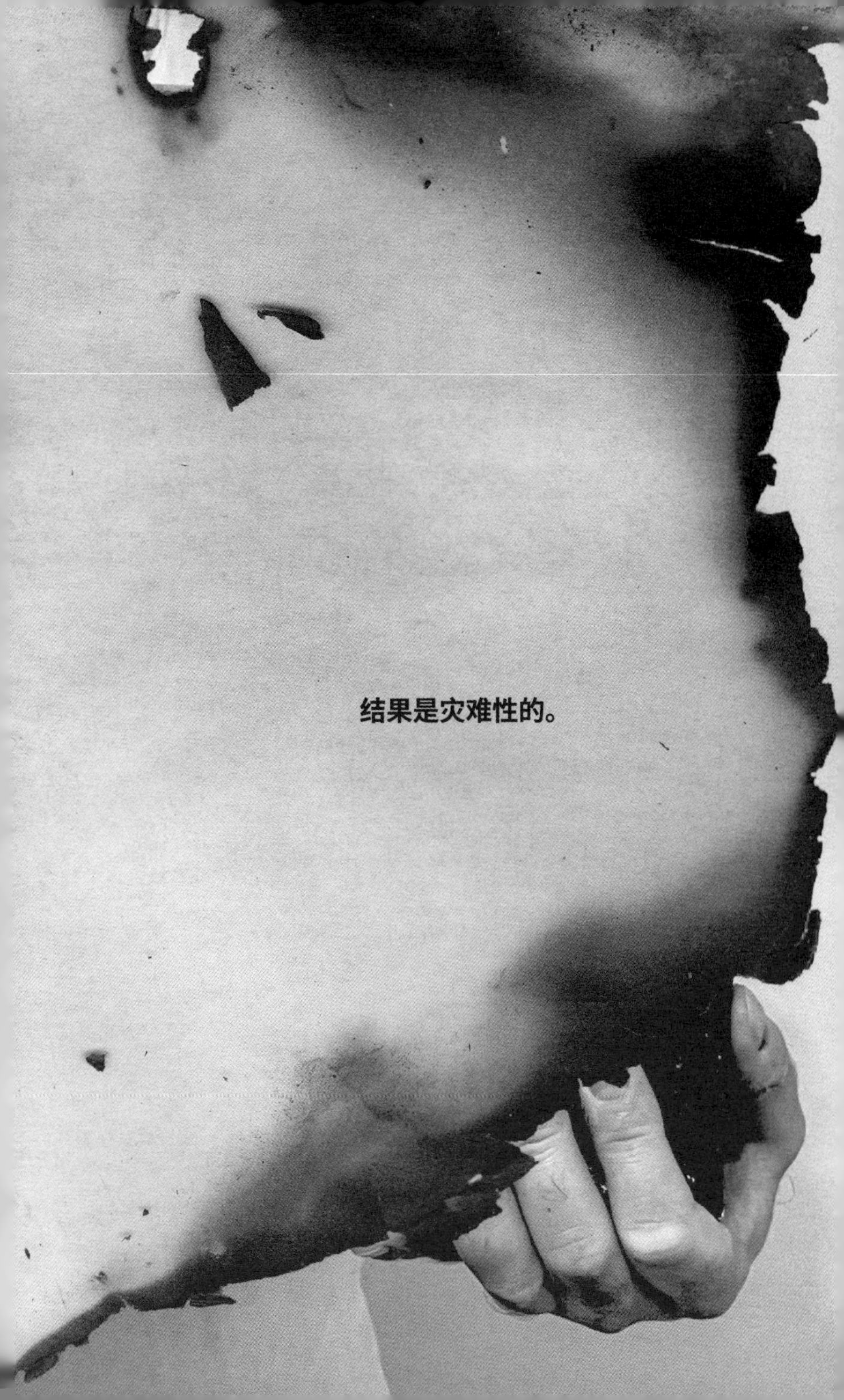
结果是灾难性的。

2020-2025
2015-2019
2010-2014
2005-2009
2000-2004

5 013922 061948 >
Item Number: 6194
Datei Kasten
Boîte de Rangement
Archivo de Caja
Box Bestand
5 013922 061948 >
Item Number: 6194
Datei Kasten
Boîte de Rangement
Archivo de Caja
Box Bestand

希腊

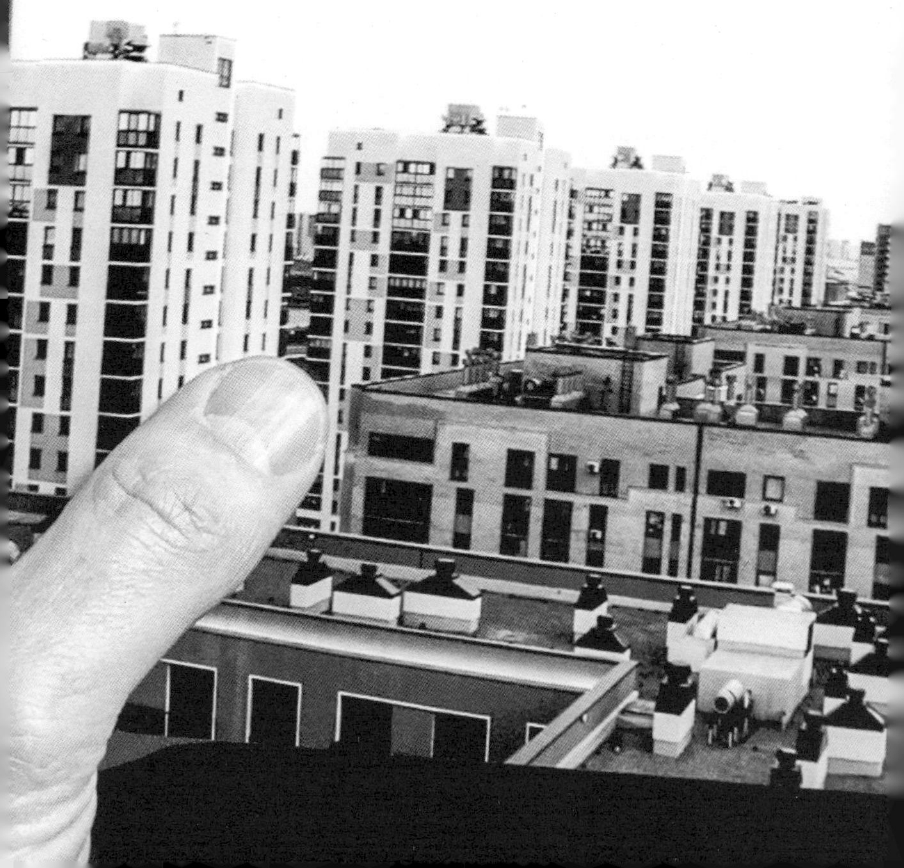

阿根廷

德国

如果这座建筑被拆除，谁会伤心呢？

俄罗斯

你能设计出比这更无趣的建筑吗？

巴西

为什么一座城市会同意建造
这么多这样的建筑？

意大利

如果约会，
你会选在这些大楼的外面吗？

设计这些建筑的人
愿意住在里面吗？

新加坡
868

这些建筑有多慷慨？

肯尼亚

英格兰

印度

如果你让孩子们画一座想象中
的梦幻城市，有多少孩子会画
出这样的东西来？

记住这些建筑的设计需要多少秒？

澳大利亚

日本

美国
at&t
美国

这些建筑会让你对身为美国人
而感到自豪吗？

所有这些建筑
给你的感觉如何？
TAXI

对灾难的剖析

在弄清楚这种非人本建筑的全球盛行是如何在世界各地蔓延之前，我应该先解释一下为什么它很重要。

我想谈谈建筑的外部而非内部的重要性。这并不是因为我认为建筑的内部不重要。它们非常重要，但它们只对进入建筑里的人重要。此外，要改变建筑内部给人的感觉也相对容易，可以使用涂料、装置和家具来改变。建筑的外部则不同，它对每一个路过该建筑的人都很重要，那就意味着更多的人会有所体验，但我们大多数人真的无力改变这些建筑的外观给我们带来的感受。

对于每一个待在写字楼或者公寓楼里的人来说，每天都会有数百甚至数千人从大楼的外面经过。

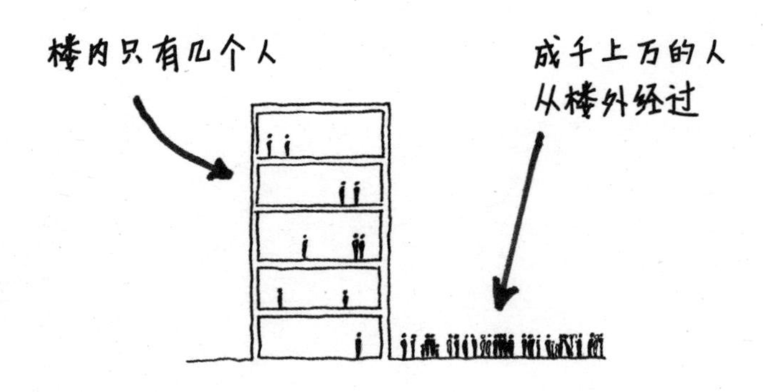

就像在米拉之家和品纳寇海滨酒店一样，建筑的外观会影响到那些从楼外经过的每一个人，影响到他们的感受。

人们走在大街上，经过数十座建筑，他们会产生数十种情绪。

这些情绪会叠加在一起。

这些情绪很重要。

比我们用理性认识到的还要重要。

在过去的大约 100 年里，我们每天经过的普通建筑的外形都呈现出了某种特定的“样貌”。你知道我说的“样貌”是什么意思：我们在温哥华看到过，在你刚刚翻阅的书页中也看到过；它遍布于世界各地的城市当中。

事实证明，这种样貌具有惊人的危害。那些为我们建造的场所，那些采用了这种样貌的场所，让我们感觉到压力、不适、孤独和恐惧。它们助长了分裂、战争和气候危机。

我们在一个世纪前偶然发现的这种“样貌”已经成了一场全球性的“灾难”。

有一个词可以形容我所说的这类建筑。

我不喜欢这个词，它平淡无奇、含糊不清、容易被遗忘，它看起来也不够严重。

这个词并没有恰当地描述这类建筑所造成的危害，未能表达出过去 100 年来在我们城市中蔓延的剧烈而可怕的变化，随这些变化而来的是破坏、痛苦、疏远、疾病和暴力。

我希望我能用一个更好的词来形容——当你听到这个词的时候，我相信你能真正直观地感受到这场持续了长达百年之久的全球性灾难，而我们至今仍深陷其中。

但是，每当我想到这场灾难，想到这些建筑时，我总是会想起这个词。

所以，就是这个词。

无聊
BORING.

我警告过你。

当你听到“无聊”这个词时，几乎肯定会想：“一整本书都是在讲建筑的无聊……是真的吗？世界上有那么多的问题：社会不公、气候危机、政治两极分化、战争、暴政和腐败。而你却在大谈……无聊的建筑？！”

然后，你可能会理所当然地这么想：“你以为自己是谁啊，凭什么说某个东西无聊？只因为你不喜欢这座购物中心或者那幢办公大楼，就一定意味着它不好？”

如果你有这样的想法——好吧，我不怪你。如果我是你，我可能也会这么想。我只能请你再坚持一下，再多看几页。

这有一些严重的问题需要考虑，这些问题影响着数十亿人。

在本书的这一部分结束之时，我希望能让你相信，我们正在遭受一场“无聊”瘟疫的袭击，而且是一场全球性的灾难。

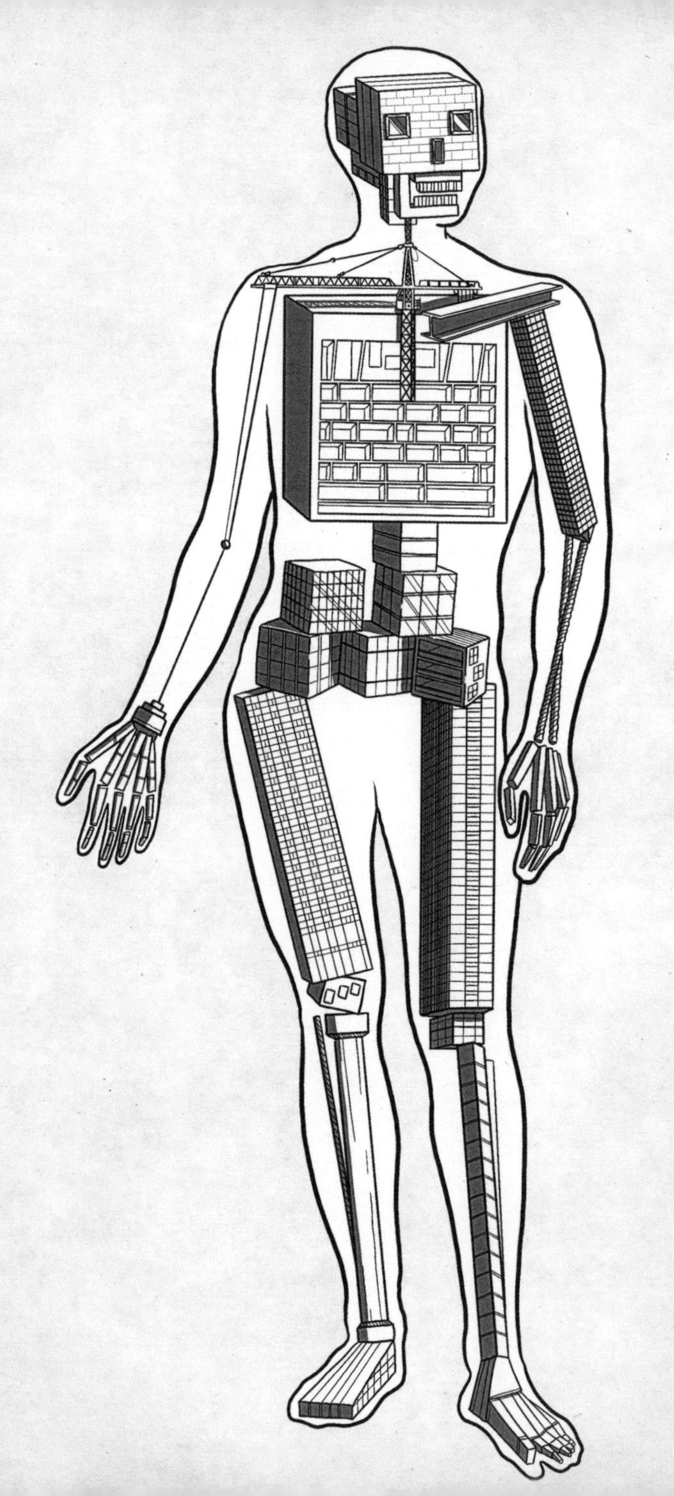

对“无聊”的剖析

“无聊”究竟意味着什么？

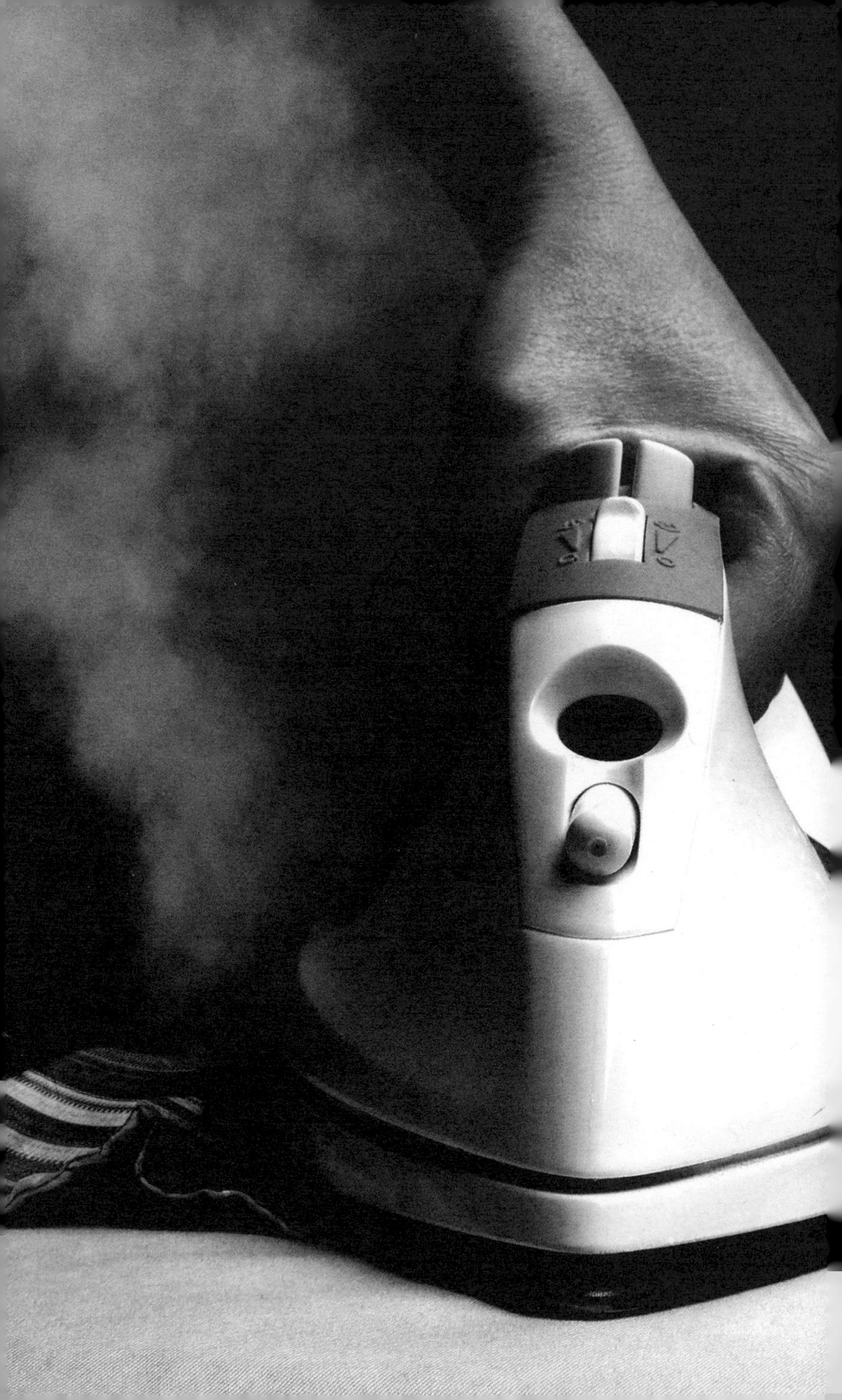

过于扁平
(TOO FLAT)

现代建筑的正面往往非常扁平。

它们的门窗几乎不会凹进去或者凸出来。

它们的屋顶通常也是平的。

建筑中的凹凸有致之所以很重要，是因为它们能引起人们的兴趣。正如我们在米拉之家所看到的那样，通过突起和打破直线轮廓，或者塑造光影交错的表面肌理，可以使建筑产生不同的进深和起伏，从而带来趣味性。一座有进深和起伏变化的建筑会以无数种微妙而复杂的方式，随着太阳的移动而改变其外观——这里一片明亮，那里一角黑暗——随着地球的转动，昼夜变换的光线便会在门廊和窗口中进进出出。

如果建筑过于扁平，它们就会无聊至极。

过于平淡
(TOO PLAIN)

现代建筑缺乏装饰。

当你看到一个多世纪前建造的建筑时，你会惊讶于它们的设计师在增加纷繁的复杂性方面花了多少心思。

这些建筑有图案、细节和装饰。

它们有凹凸、褶皱、卷曲、雉堞[①]、檐头，还有向上、向外、向内、向四周伸出的尖角。即使是那些不被认为是“特别”或“重要”的日常建筑，也是以这种心态建造的——对趣味以及时下之美感的兴趣。

如果建筑过于平淡，它们就会无聊至极。

---

① 又称齿墙、垛墙、战墙，是有锯齿状垛墙的城墙。——译者注

过于笔直
（TOO STRAIGHT）

现代建筑设计往往以矩形为基础。这种方法本身并没有什么问题（古典建筑也是如此），而且它的实用性很强，所以在逻辑上也说得通，并且用直线和直角进行设计也更容易——最新的建筑设计软件更是如此，这些软件更容易绘制出方形。

但是，直线和矩形几何的使用已经到了一发不可收拾的地步。当在建筑上大规模使用时，如果没有任何其他形状，它们往往会造成横向不断重复的景象，经过时会给人一种不近人情和完全不友好的感觉。它们并不适合人类居住。要知道自然界中几乎没有直线或者直角，这种建筑也不自然得令人咋舌。

还记得那位建筑师吗，当他听说我想在矩形窗户的顶部设计一条轻微的曲线时，他说我“真勇敢”。

曲线有什么可怕的？

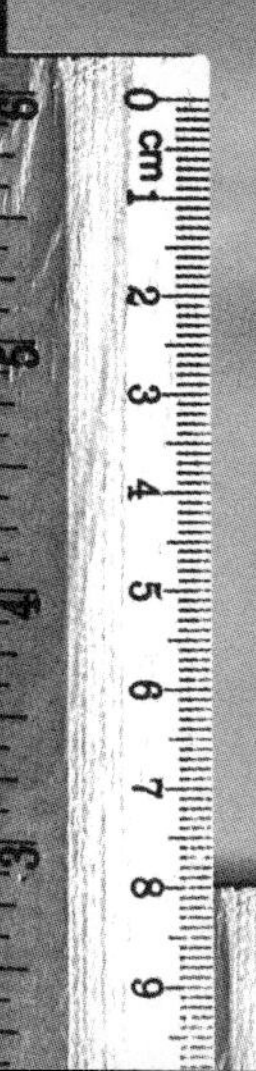

过于锃亮
(TOO SHINY)

现代建筑的外观往往由光滑、平整的材料制成，如金属和玻璃。闪亮的材料让人赏心悦目，但如果整栋建筑——甚至整个地区——都只使用硬邦邦的反光材料，我们的感官就会变得麻木而冷漠。这种多样性的缺乏会产生严重的脱敏效应。

新建筑通常采用相对较薄的大块玻璃拼接起来，代替有窗户的实体墙。即使这些建筑也有大面积的金属镶板，但所有这些材料的表面往往仍是千篇一律的光滑和平整，这使我们的感官无法捕捉到任何东西。

最极端的例子就是建筑业发明的玻璃幕墙——通过这种方法，整个建筑外部可以只由巨大的玻璃片组成。这种玻璃幕墙的使用，几乎扼杀了建筑外观可能具有的任何人情味和多样性。

如果建筑过于锃亮，它们就会无聊至极。

建筑上玻璃的增加也造成了

大规模的鸟类屠杀。

据估计，仅在美国，

每年就有 1 亿到 10 亿只鸟

因撞上玻璃窗而死亡。

过于单调
(TOO MONOTONOUS)

现代建筑通常采用矩形的形式，这些矩形又由更小的矩形组成，这些矩形又排列成网格状。

如果一条笔直的街道两旁排列着这些网格状的建筑，那么景观就会变成一个由又大又平、锃亮且单调的矩形组成的重复队列。

从远处看，这些建筑显得单调乏味。

从近距离观察，它们看上去依然单调乏味。

这种单调不会给人带来灵感，也不会让人兴奋或者着迷。

我们被迫生活和工作的地方最终看起来有点像这样：

Monononononononononononononononononononono nononononononononononononononononononononono nononononononononononononononononononononotony (单——调——)。

← 这是香港的一座真实建筑。

过于匿名
(TOO ANONYMOUS)

100 多年前，建筑的外观往往都能撷取到其所在地点的一些信息。从某种意义上说，它们是有声有色的。它们诉说着自己的故事，告诉人们它们在哪里，以及它们为谁而存在。而如今，它们多半不再如此。

这场百年浩劫是一场文化的革命。它无情地剥夺了新建筑的个性和地方感。

如果建筑过于匿名，
它们就会无聊至极。

这座新近落成的建筑能告诉我们关于其楼内公司的什么信息呢？

过于严肃
(TOO SERIOUS)

当看到这些办公大楼时，你会有什么感觉？

你会感觉很严肃，甚至有些恐惧。这些严肃的建筑是为严肃的人们建造的，他们在其中过着严肃的生活。为什么建筑需要看起来很严肃？为什么它们的创造者如此害怕

建造出一个让人们感到愉悦的地方？这些建筑受到沉重而压抑的情感荼毒，只能唤起一种感受。

如果建筑过于严肃，它们就会无聊至极。

什么时候无聊的东西并不无聊？

不过，说了这么多，重要的是不要拘泥于上述的每一点。

有时，
扁平是一种魅力。

有时，
平淡是一种优雅。

有时，直线令人兴奋。

有时，

锃亮让人笑逐颜开。

有时，

单调令人心旷神怡。

有时，

匿名是必要之举。

有时，

严肃才恰如其分。

完整插图说明见第 494 页

什么时候无聊的东西才算无聊？

在适当的情境中，在正确的意图下，“无聊”的基本要素也可以变得精彩纷呈。但是，当这些元素过多地汇集在一座建筑或一个地方时，无聊就会成为一个严重的问题。

在我看来，无聊就像一个方程式。

这就好比是人体摄入了过多的糖、脂肪、碳水化合物、酒精和尼古丁。通常情况下，是这些东西的组合和一生的积累最终害死了你。

当太多无聊的事情发生在一个空间时，

它就变成了——

有害的无聊。

无聊怎么会有害呢？无聊难道不就是一种缺失，一种停顿，一片虚无吗？虚无不会伤害你。毕竟，“无”就是“无”。

但一个令人惊讶且鲜为人知的事实是，无聊比虚无更糟糕。

而且要糟糕得多。

无聊是一种心理剥夺的状态。正如身体在缺乏食物时会遭受痛苦一样，大脑在被剥夺感官信息时也会受到影响。

无聊是头脑的饥饿。

一位名叫科林 · 埃拉德（Colin Ellard）的神经科学家对这种情况的发生进行了研究。2012 年，他前往纽约市，分析人们在走过一个无聊的地方之后不久又穿过一个有趣的地方时的感受。他想知道：在这些不同的地方短暂停留，会对一个人的情绪产生怎样的影响？

这是一个无聊的地方。这里是纽约市下东区（Lower East Side）的一家大型超市——全食超市（Whole Foods）的外面。它占据了整个街区。

这是附近的一个有趣的地方，类似埃拉德选择的例子，距离全食超市仅有几步之遥。

当各组人员走过每个地点时，一款专门设计的手机应用会向他们发送所见所感体验如何的问卷。在全食超市外面，最常见的回答有：平淡无奇、单调乏味和毫无激情。然而，在全食超市所处街区的尽头，最常见的回答有：社交胜地、熙来攘往和生气勃勃。

但事实上，埃拉德并不需要一个应用程序来识别人们的情绪是如何被改变的。这是显而易见的。“在冷清的外墙前，人们都很安静，行走时弓着背，情绪消极。”他在其研究报告中写道，“而在相对热闹的地方，他们活泼而又健谈，我们很难抑制住他们的热情”。这项研究的一条规则规定，参与者之间不得相互交谈。在全食超市，保持沉默不成问题。但在这个有趣的地方，研究人员失去了对受试者们的控制，沉默规则“很快就被抛到了九霄云外，许多人表示希望离开参观团，直接参与到这个地方的乐趣中去”。

埃拉德还通过特殊的手环收集参与者的情绪状态数据，这些手环会定期从他们的皮肤上获取数据。这些手环可以检测到一种被科学家称为“自主神经唤醒”（autonomic arousal）的状态。

“自主神经唤醒”指的是我们的警觉程度，以及我们对威胁做出反应的准备程度，它是评估压力的标准之一。

当埃拉德核查结果时，他发现人们在无聊的地方并非毫无感觉。他们的自主神经被过度唤醒——他们的压力水平上升了。

无聊并非只是让参与者毫无感觉，他们的大脑和身体也都进入了一种紧张状态。

可以想象，为什么被捕食者追赶或被关在监狱里可能会让人开始紧张。但是，为什么一个无聊的地方也会让人感觉到压力呢？

科学家们发现，当我们进入任何环境时，都会不自觉地扫描环境以获取信息。在生物进化塑造我们大脑的数百万年里，我们始终生活在大自然中，自然环境充满了复杂性，每一秒钟，我们的感官都会向我们的大脑传递大约1 100 万条关于我们所处环境的信息。人类大脑在进化过程中已经形成了对这一信息量的基本需要，这有点像人体需要基本量的氧气、水和食物一样。

无聊的现代景观侧重重复性而轻视复杂性，为我们提供的信息量低到不符合自然规律。埃拉德的结论是，漫步其中有点像打电话，但你只能听到“it”（它）、“so”（所以）和“the”（这 / 那）这样的词。虽然有一些信息，但它们重复性强、不复杂，而且质量极低。

当大脑无法从环境中获取信息时，它就会将其视为出问题的信号，接着会出现恐慌，会将身体切换到警戒状态，并提高身体应对危险的准备程度。

100 多年前，要找到一个真正无聊的城市室外环境是极其困难的。而如今，无聊的环境无处不在，我们被无聊笼罩着。

如果仅仅是在无聊的景观中行走都会让人产生压力，那么假如我们被迫在一个无聊的家里年复一年地生活，会发生什么呢？当我们被迫在无聊的办公室、无聊的工厂、无聊的仓库、无聊的医院和无聊的学校里度过我们的一生时，又会发生什么呢？

当我们感到无聊时，我们的应激激素——皮质醇——就会飙升。如果皮质醇水平长期过高，我们就更容易患上各种可怕的疾病，包括癌症、糖尿病、中风和心脏病。英国的一项重大科学调查发现“那些报告称自己无聊的人比那些不无聊的人更有可能英年早逝”。

研究还发现，无聊是一系列令人厌恶的不良行为的加速器。《科学美国人》（*Scientific American*）的一篇报道发现，无聊会导致更高的“抑郁、焦虑、毒瘾、酗酒、强迫性赌博、饮食失调、敌意、愤怒、社交能力差、成绩差和工作表现不佳等”风险。伦敦国王学院（King’s College London）的研究人员在研究中发现，无聊会导致“金融、道德、娱乐、健康或安全领域出现更大的风险”。无聊发作是成瘾者复发最常见的预测因素之一。科学家们甚至还发现，过度的无聊会使人们更有可能接受极端的政治信仰。

人类并不适合无聊的生活。

无聊的建筑会让我们功能失调。

无聊的建筑不是以人为本的。

现代都市中扁平、笔直、平淡、单调、匿名、严肃的场所，改变着我们的感受和行为。这些“无聊王国”让我们变得反社会。

100 多年前建造的房屋往往相对低矮，高度很少超过 7 层楼。即使是收入极低的人合租的房子，通常也有后院、前院和宽阔的大门台阶等特点。这些建筑通常面对面，沿街排列。

后院、前院、宽阔的大门台阶和街道都是鼓励人们去观赏、逗留和聊天的地方。在人们可以观赏、逗留和聊天的地方生活，就更有可能产生一种社区意识。

住在低层住宅或街道设计良好的沿街排屋中会让我们拥有逐渐结识朋友的条件。我们在后院和前院，以及在门前台阶、人行道和街道上相遇，彼此的相识可能就在最简短的点头致意中开始。

那些点头可以变成微笑。

可以变成相识。

可以变成闲聊。

进而可以变成更多交谈。

甚至可以变成友谊和增加生活乐趣的关系，从而使我们的生活更有意义。

这就是建筑的外观设计是如何对我们的生活和社会形态产生深远影响的。在最好的情况下，建筑会拉近我们的关系，增加我们彼此积极联结的机会。人类是社会性动物。当我们无法与充满支持性的人际网络产生联结时，往往会感到痛苦；而当有了这种联结时，生命就会绽放。

在20世纪，我们摒弃了排屋街道的理念，取而代之的是被开放空间包围的独立住宅区，所有地面的社交细节没有了。2008年，美国科学家研究了不同类型的建筑对居住在佛罗里达州迈阿密东小哈瓦那（East Little Havana）西班牙裔贫困社区的老年人的影响。他们发现，仅仅是没有“正面入口特征”，比如门廊或宽阔的门前台阶，就会导致居民出现健康问题的可能性增加近三倍。虽然这种差异有一部分被认为与攀登门前台阶对身体的直接益处有关，但同样重要的是，那些住宅前缺少这些半社交空间的人与社区的联系较弱，因此更容易被社会孤立。

人类需要社会性。

当我们在社会上被孤立时，我们就会生病和悲伤，我们也会死得更快。

无聊的地方会让我们变得反社会。

无聊的地方不是以人为本的。

← 1945年，伦敦，庆祝欧洲胜利日（VE DAY）的邻居们多年来，科学家们一直在收集大量有说服力的证据，证明人们在大自然面前会更快乐、更健康。

伊利诺伊大学景观与人类健康实验室（Landscape and Human Health Lab）的弗朗西斯·郭博士（Dr Frances E. Kuo）在芝加哥臭名昭著的住宅项目“罗伯特·泰勒公寓”（Robert Taylor Homes）中研究了这些影响。1962年建成时，它是世界上最大的公共住宅区，由28座16层高的混凝土塔楼组成。但这片住宅区也充满了暴力和危险[①]。在这样一个地方生活，居民们是如何应对压力的呢？

郭意识到，罗伯特·泰勒公寓中的一些公寓可以俯瞰种有草坪、灌木和树木的“绿色”庭院，而另一些公寓看到的则是灰色的混凝土庭院。除此之外，这些公寓都是一样的：设计相同，居住者的背景和社会经济地位相似。仅仅是看到一棵树这样简单的景观就能产生很大的影响吗？

这给了郭一个机会。她开始挨家挨户地敲门，与居住在该项目中的女性交谈——有些人住在绿色庭院周围，有些人住在平淡的灰色庭院周围——收集她们心理健康方面的信息。当她把数据带回实验室时，她发现了一些惊人的

---

① 因规划和执行不力、缺乏配套设施等复杂原因，该住宅区居民的实际生活充满着混乱和不安：大部分居民在生存线上挣扎；各个黑帮帮派争夺地盘，毒品交易横行；警察不愿维护治安。最终，该住宅区在1998年至2007年期间被全部拆除。——译者注

现象：与那些看到灰色庭院的不幸邻居们相比，住在看到绿色庭院房子里的人压力更小、注意力更集中，也能更好地应对生活中的困难。并且他们认为自己的个人问题没有那么严重也没有存在很久，更有可能在未来的某个时候得到解决。

郭得出结论说，在市中心的贫困社区“种植几棵树”这一简单行为“可能有助于为个人和家庭提供‘挺身反抗人世的无涯的苦难’[①]所需的心理资源”。

怎么会这样呢？

人类在自然中进化，也会在自然中感觉更好。在自然中待上 20 秒钟，我们的心率就会降低。在自然中待上 5 分钟，我们的血压就会下降。令人难以置信的是，从医院的窗户眺望树木已被证明能够帮助病人更快地从手术中恢复过来，甚至比看到砖墙的病人平均早一天出院。研究还发现，眺望树木还会让病人经历更少的疼痛（以止痛药的消耗量来衡量），并且护士认为他们的情绪弹性也更好。

---

① “take arms against a sea of troubles”出自莎士比亚的《哈姆雷特》。——译者注

最近，华威大学（University of Warwick）的学者们进行了一项新的研究，为人们现在已经熟知的自然力量又增添了一个奇妙的新转折。他们想弄清楚究竟什么样的环境能让人们感觉更好。

他们分析了150多万份对21.2万张英国各地图片进行的“风景优美度”评级，然后将这些评级与这些地方实际居民自评的快乐和健康程度进行了比较。

正如研究人员所预料的那样，人们在风景更优美的环境中会更快乐、更健康，但问题是：实际上，风景优美并不一定特指“自然”，即使是在市区，风景优美也会让人们的幸福感和健康水平有所提高。

其中一位研究人员查努基·塞勒辛赫博士（Dr Chanuki Seresinhe）写道：“‘自然的就是美丽的’这句古老的格言似乎并不完整，虽然海岸线、山脉和运河等自然特征可以提升景色的美感，而平坦且无趣的绿地并不被认为是美的。但有趣的是，富有特色的建筑和令人惊叹的建筑特征也可以提升景色的美感。”

现在，像塞勒辛赫这样的研究人员已经不再认为人类生息繁衍所需的仅仅是绿色植物。

他们真正需要的是“美景”。

这听起来像是又一个模糊而无用的词，但进一步的研究却揭示了是什么增添了城市的景致。一项关于人们对伦敦、曼彻斯特、伯明翰、米尔顿·凯恩斯（Milton Keynes）、坎特伯雷和剑桥的19 000条街道和广场看法的调查发现，人们最喜欢的地方是：

看起来不像是“委员会设计”的地方。

有强烈的地方感，“不可能出现在其他任何地方”。

有“活力”的立面，“活灵活现”地展现出各种各样的图案。

换一种说法就是——不无聊。

是这些（有建筑的）景色美，

卡纳莱托（Canaletto），《伊顿公学》（*Eton College*），1754 年

约翰·康斯太勃尔（John Constable），《从草地看索尔兹伯里大教堂》（*Salisbury Cathedral from the Meadows*），1831 年

还是这些(没有建筑的)景色更美?

(如果没有建筑,还会有人花心思去画这些画吗?)

无聊的地方助长了
分裂和战争

马尔瓦·萨布尼（Marwa al-Sabouni）是一名来自叙利亚霍姆斯的建筑师。她调查了过去的100年里，她所在城市的建筑是如何助长了席卷全国的内战的。

霍姆斯最初的古老中心地带由门廊、台阶和蜿蜒的小巷组成，还有许多供人们饮水的喷泉和果树树荫下的长椅，建筑和街道的设计希望人们能缓步慢行，停下来，互相聊聊天。

“在街上的一次短暂偶遇，将是一个人与另一个人之间最快的‘下载’过程，”萨布尼写道，“他们会在眨眼之间交换新闻、家史以及其他最新信息，然后各奔东西。”霍姆斯是一座基督徒和穆斯林“共同生活、工作和做礼拜”的城市，教堂和清真寺毗邻而建，钟声伴随着祈祷的召唤；这些信仰的信徒们“共享一切——房屋的墙壁、商店、小巷，甚至是教堂／清真寺”。

随后出现了一种新的建筑和街道风格，形成了新型的社区。“缺乏人本的建筑……野蛮、未完工的混凝土砌块、疏于管理而荒芜的废墟，美感被破坏，按阶层、信仰或富裕程度划分社区的分裂性城市化……”

这些新社区将人们——逊尼派、阿拉维派、什叶派和基督徒等，以及村民和贝都因人——分隔成了不同的群体。这些被分隔开来的群体在无聊、严肃、匿名的建筑中过着各自的生活，“这加剧了性格内向和社会停滞，因为他们没有对一个地方产生共同的认同感或归属感”。

在霍姆斯老城，不同的群体对独特的空间和各具特色的建筑的共享，使彼此之间变得熟悉、放松，而这些沉闷的新建筑则不同，它们助长了孤立的思想，使得部落与部落分离、宗教与宗教分离。市民们不再像以前那样觉得他们都属于霍姆斯市，而是觉得他们只属于各自的群体。“城市的共同体验消失了；任何归属感都在内向型群体的界限中消解了。”

最终，也许是不可避免的，“城市隔离变成了宗派冲突”。

当然，霍姆斯并没有被夷为平地，数十万人被杀害也并非仅仅是因为人们被新的分区隔开或被新的建筑疏远。但萨布尼坚信，社区的“现代化”是导致冲突的众多原因之一。她不希望大家误以为西方国家不会陷入这种冲突，她说：“当我了解到世界其他地方的城市异质化时（比如英国的城市、巴黎或布鲁塞尔周边的少数民族社区），我意识到，我们在叙利亚目睹的那种灾难性的不稳定局势已经开始了。”

无聊：100 年来一直在摧残生命，也可以说是造成数十万人丧生的原因之一。

人们不喜欢无聊的地方

当 2 000 多名美国人被要求对两组公共建筑图片——一组是传统外观，另一组是现代外观——进行评分时，他们一致拒绝“现代”的选项。无论问及哪个群体的公众，情况都是如此，无论他们的年龄、种族、性别或经济背景如何，他们都更喜欢传统外观的建筑，比例接近三比一。

我在自己的国家也发现了同样的情况。一项对英国公众建筑品位的系列调查分析得出结论，“大约有 15%～20% 的人可能对主流现代建筑抱有某种怜悯”。事实证明，对主流现代建筑的厌恶是少数能将英国人团结在一起的因素之一。2021 年，智库“政策交流”（Policy Exchange）与英国民意调查公司德尔塔波尔（Deltapoll）联合开展了一项调查，要求公众根据他们对“外观、风格、设计和美感”的喜爱程度，为十张当地政府建筑的图片进行排名。在这些排名中，现代风格垫底，但“不同人群的排名情况基本相似”。最受欢迎的是新乔治亚式风格（Neo-Georgian）的布里斯托尔市政厅（Bristol City Hall）“不论年龄组别、性别、地区、经济群体和投票意向”它都位居榜首。由此，我们很容易得出结论：人们只是更喜欢那些看起来很古老的建筑，但事实并非如此。

英国十大
最受喜爱的建筑

2015 年的一项调查发现，英国最受喜爱的建筑中，有两座建筑建于过去的 100 年间，而且与大多数现代建筑不同，这两座建筑并不无聊。

伦敦碎片大厦
(The Shard)

英国议会大厦
(The Houses of Parliament)

巨石阵
(Stonehenge)

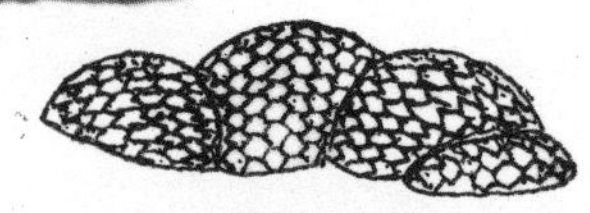

伊甸园工程
(The Eden Project)

白金汉宫
(Buckingham Palace)

爱丁堡城堡
(Edinburgh Castle)

圣保罗大教堂
(St Paul's Cathedral)

威斯敏斯特教堂
(Westminster Abbey)

温莎城堡
(Windsor Castle)

布莱克浦塔
(Blackpool Tower)

世界十大
最受喜爱的建筑

在全球范围的调查研究中也发现了同样的情况。根据谷歌最热门的搜索结果，世界十大建筑中有七座 * 是在过去 100 年里建造的。人们讨厌的不是新建筑，而是那些无聊的建筑。

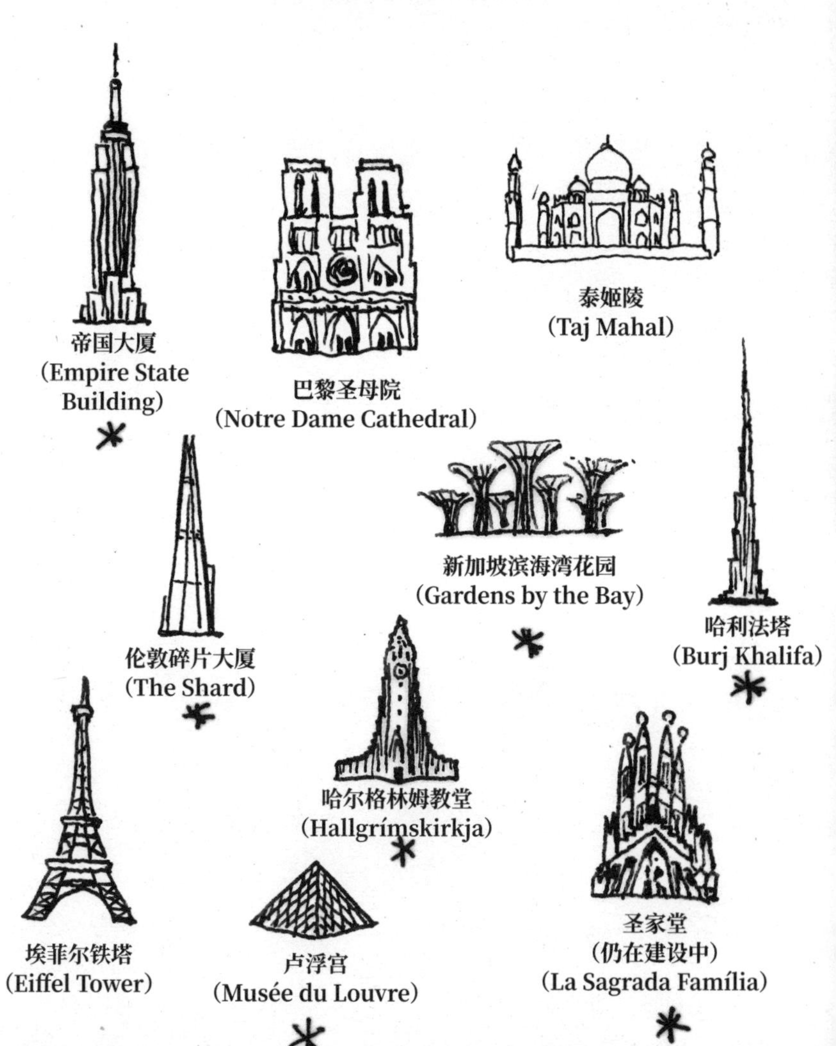

环境

紧急事件

无聊的建筑会导致气候变化

但是有趣的建筑也是如此。

无法回避的事实是： 市场上销售的混凝土和钢材对环境的危害是巨大的，无论它们是哪种结构的一部分。

每年全球碳排放中有 11% 来自建筑和建材，这相当于整个航空业碳排放量的 5 倍。

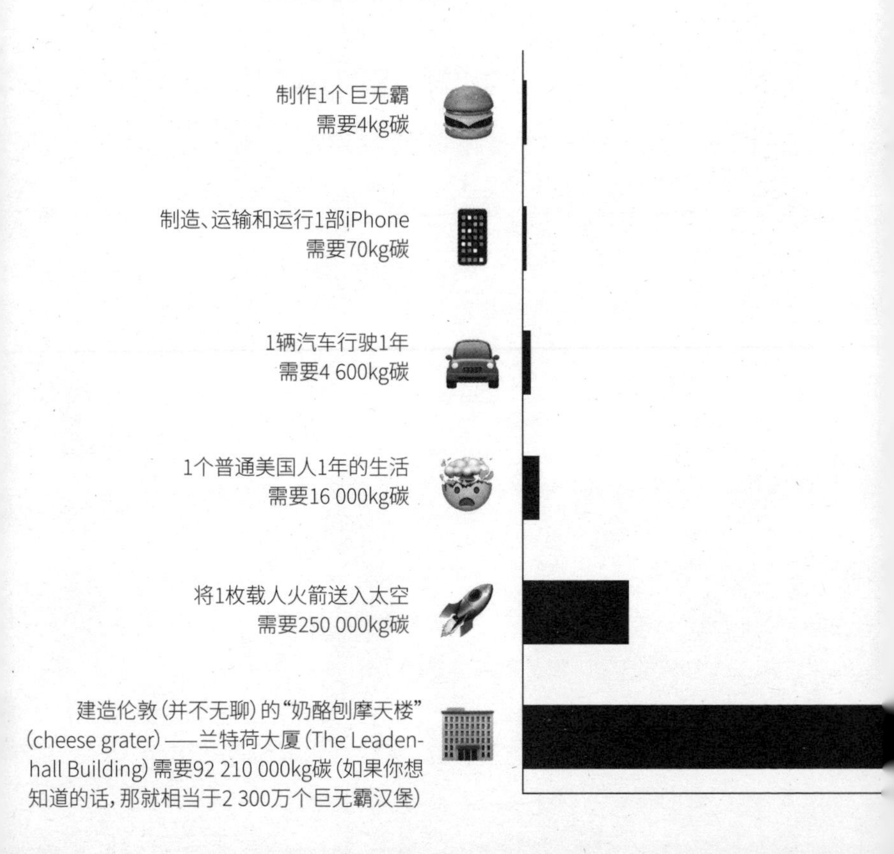

制作1个巨无霸
需要4kg碳
制造、运输和运行1部iPhone
需要70kg碳
1辆汽车行驶1年
需要4 600kg碳
1个普通美国人1年的生活
需要16 000kg碳
将1枚载人火箭送入太空
需要250 000kg碳
建造伦敦（并不无聊）的“奶酪刨摩天楼”（cheese grater）——兰特荷大厦（The Leadenhall Building）需要92 210 000kg碳（如果你想知道的话，那就相当于2 300万个巨无霸汉堡）

因此，一旦我们花费了必要的碳成本来建造一座建筑，就必须让它尽可能长时间地留在那里，发挥作用，这一点至关重要。我们最不应该做的事情，就是在短短几十年后就把这栋建筑推倒，然后再建新的建筑。

这就是为什么无聊的建筑比有趣的建筑对环境更不利。正如我们所发现的，无聊的建筑之所以更糟糕，是因为它们不受欢迎。在过去的 100 年里，世界各地有大量不受欢迎的建筑被拆除，取而代之的往往是全新但同样无聊的建筑。

它们也可能是因逐渐残破而需要拆除。根据盖蒂保护研究所（Getty Conservation Institute）2013 年发布的一份报告，20 世纪席卷全球的无聊风格“修缮周期更短，而且荒废率更高”。“现代建筑体现出了无数的物理问题，其中许多都是由其外部（墙壁）的特性引起的。”许多这样的建筑“在使用仅二三十年后就开始显露出陈旧的迹象”。

20 世纪的建筑在设计上大多没有考虑其老化之后的美观程度。

按比例计算，这将会再延伸10米

现实情况是，光鲜亮丽的建筑通常不会像展厅里光滑亮泽的汽车那样得到维护——它们会被忽视，只是偶尔得到照顾。除非它们在设计时使用的材料和设计的复杂性能够让它们看起来虽脏但美，并且能够适应这种缺乏维护的情况，否则它们最终看起来只会破旧不堪。

《建筑师杂志》（*Architects' Journal*）的编辑称“拆除”是“建筑业肮脏的秘密”。每 12 个月，美国就有约 9 300 万平方千米的建筑被拆除和重建，这相当于每年都将半个华盛顿特区推倒重建。在英国，每年有 5 万座建筑被推倒，产生 1.26 亿吨垃圾，而商业建筑的平均寿命约为 40 年。让人难以置信的是，在整个国家产生的所有垃

圾中，几乎有三分之二是由建筑业产生的。

2021 年，中国建筑业产生了约 32 亿吨垃圾，其中绝大部分来自拆除工程。预计到 2026 年，这一数字将升至 40 亿吨以上。

如果建造一座建筑对环境有害，那么建造一栋建筑，然后将其推倒，并再在原址上建造一座新的建筑，情况将会更加糟糕。

无聊的建筑是不可持续的。

无聊是社会正义的紧急事件

最脆弱的人类生活在最无聊的建筑中。为什么“不无聊”会成为一种奢侈品呢？

2017年，伦敦，格伦费尔塔（GRENFELL TOWER）社会福利住房被烧毁的框架

这就是
我们所知道的：

无聊的地方让我们倍感压力。

无聊的地方让我们感到厌恶。

无聊的地方让我们感到孤独。

无聊的地方让我们感到恐惧。

无聊的地方会导致分裂和冲突。

无聊的地方是不可持续的。

无聊的地方是不受欢迎的。

无聊的地方是不公平的。

一些业内的专业人士喜欢互相之间夸耀自己所做的工作是有远见卓识的。他们会给自己颁奖。他们宣称，自己的建筑是“诗意的”“永恒的”“创新的”“动人的”并且具有“正直”“远见”“诚实”“精湛”“清晰”和“豁亮”等品质，展现出了“对空间艺术的深刻承诺”和“对空间及其叙事的不懈追求”，并“为人类做出了重大贡献”。

当有人指出，大多数人实际上并不喜欢无聊的建筑时，这些“专业人士”会排斥这种观点，并认为这种担忧是不明就里、愚蠢或落后的。“专业人士”及其支持者们指责批评自己的人“纯属无知或视盲”，是反动、保守和反进步的——有时甚至将批判者与极右派联系在一起，对他们进行污蔑。

有些建筑师将自己视为艺术家，可问题是，我们其他人不得不与这种“艺术”共存。我们不可能像避开一部无聊的电影、一本无聊的小说或者一幅无聊的画一样避开它。他们的“艺术”变成了我们被迫生活、工作、购物、治疗和教学的场所。他们的“艺术”变成了我们每天走过的无聊街道——这些街道让我们感到压力、不快乐和孤独，这种“艺术”降低了我们的生活质量，削弱了我们的社区联结，毒害了我们的星球。

当你正阅读这些文字时，工作室里也正有专业人士在绘制扁平的、平淡的、铿亮的、匿名的、严肃的矩形和正方形，并宣称它们是优雅的、纯粹的、有远见的和令人惊叹的。

混凝土正在浇筑。

起重机正在将巨大的平板玻璃吊装就位。

无聊的建筑正在全球各地的城市中拔地而起。

目前，地球有一半以上的人口生活在城市当中。到2050年，这一数字预计将上升到70%以上。

无论我们喜欢与否，一个有害且无聊的世界正在被建造，而我们将栖息其中。

（如果你还没有生气，
请回到第一页。）

第二部分

无聊崇拜是如何席卷世界

无聊崇拜

是

如何

席卷世界

何为建筑师?

罗马万神殿（The Pantheon in Rome）是我见过的最有趣的建筑之一。它建于2 000年前，拥有地球上最大的无钢筋混凝土穹顶。建造者的雄心壮志使得这座建筑在2 000年后的今天依然屹立不倒并且仍旧受到人们的喜爱，时至今日，其穹顶也仍是世界纪录的保持者。但万神殿让我惊讶的不仅仅是它的穹顶。我还记得，当看到那扇7.5米高的巨大青铜前门，仍然可以在门框中完美地开启和关闭时，我被其精确度彻底震惊了。即便是今天，我就算需要这样一个门，也很难想象我还能否订购到这种公差如此之小的门。几乎没有任何一家现代制造商能够制造出这种门。

林肯大教堂（LINCOLN CATHEDRAL）

我在漫步经过中世纪的大教堂时，也经常会有类似的想法：今天，几乎没有人知道该如何建造一座如此复杂的建筑。我们这些现代的建筑师怎么会变得如此缺乏志向与想象力呢？在我们拥有新的材料、机器和计算机技术的情

威斯敏斯特教堂（WESTMINSTER ABBEY）

况下，我们又该如何坚信我们在某种程度上比过去的建造者更聪明呢？这让我不禁怀疑，我们现代人的傲慢是否掩盖了一种失败感。我们是否在暗自害怕，害怕自己不再那么优秀。

不仅仅是寺庙和教堂。在 20 世纪以前，即使是普通而简陋的建筑也有一定趣味，而我们已经失去了这种趣味。

这是伊拉克的一座穆迪夫（Mudhif）会堂。它的设计可以追溯到 5 000 年前。

下面是一些 19 世纪的“蜂巢屋”（beehive houses），是根据 3 000 年前的设计而建造的。

这是新西兰19世纪毛利人的仪式堂。

这是位于英格兰马姆斯伯里（Malmesbury）的一座17世纪的救济院。它内嵌了一个12世纪的门洞。

这些建筑中，有些可能符合你个人的审美，有些则未必。

也许你会认为有些过于浮夸，

有些又过于原始，还有些则丑陋不堪。

我或许也同意你的看法。

但我也要说，它们不无聊。即使是过去那些由普通人建造的规模不大的建筑，也有细节、图案和立体感。它们

往往有装饰和当地特色。建造者和居民的文化直接融入其中。数千年来，在世界各地，我们建造的大多数建筑都很有趣。

M. VITRUVII POLLIONIS
De
ARCHITECTURA
LIBRI DECEM.
AMSTELODAMI,
Apud Ludovicum Elzevirium.
ANNO cIɔ Iɔc XLIX.

万神殿建成前后，一位名叫维特鲁威（Vitruvius）的罗马建筑大师兼工程师出版了被认为是有史以来第一本以建筑为主题的书。在《建筑十书》(*De Architectura*）一书中，他写道，建筑物应该具备“坚固（firmitas)、实用（utilitas）和美观（venustas)”三项要素。

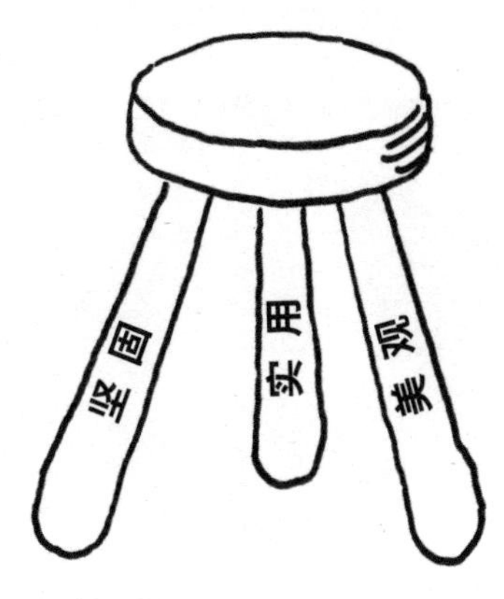

第一个词的意思是“牢固性”(strength)。它不应该倒塌。

第二个词的意思是“实用性”(utility)。它必须有效地服务于建造它的目的。

第三个词指的是“维纳斯”(Venus)，她是罗马女神，是美的化身。维特鲁威说，建筑物的终极本质是它们应该给人带来欢乐。

这三个词就像凳子上必不可少的三条腿。

为了美观和引发
积极情绪而设计的建筑
通常（甚至可能总是）十分有趣。

它们有着纵深、装饰、图案、细节，通常还有一些曲线。它们往往还表现出一种独特的地方感。在大多数

人还不识字的年代，宗教故事以雕塑、马赛克和彩色玻璃花窗的形式融入到建筑中。我们将趣味性作为一种传递神话、价值观和美学风格的方式，将我们的社群凝聚在一起。我们曾生活和朝拜的地方向我们展示了我们是谁。

那些宏伟而重要的建筑都被塑造得格外有趣。我们将趣味性作为敬拜神灵和统治者的一种方式。我们对他们越推崇，他们越神圣，他们的建筑就越有趣。全世界都是如此。趣味性被视为一种不容置疑的优点。它似乎是自然的、普遍的、与生俱来的。这就是我们所做的，而有趣是正常的，无聊才是奇怪的。

当我看到这几页和前面几页中的建筑时，我强烈地感受到，有趣是我们人类与生俱来的天性。自古以来，我们建造的建筑在视觉和知觉上都是以人为本的。

但是到了 20 世纪，情况发生了变化。

一种奇怪的新型建筑方式出现了，它与世界历史上曾出现过的任何一种建筑方式都截然不同。

无聊的建筑开始在全球各地拔地而起——欧洲、美国、南美洲、亚洲、非洲、澳大利亚和苏联。

突然之间，无聊以惊人的速度席卷了整个世界。

建筑师

在我讲述反常而有害的无聊是如何在建筑界占据一席之地的故事之前，必须先解决一个重要的问题。建筑师到底是什么？这似乎是个愚蠢的问题。何为建筑师？何为建筑设计？这还不明显吗？

这是我年轻时认为正确的答案：建筑师设计和建造建筑。

但这并不正确。

关于建筑师是什么（和不是什么）的故事，其实有着悠久而令人惊讶的历史，可以追溯到几百年前。直到16世纪，英国的建筑项目是由被称为“匠师”（master builders）的工匠们来设计和管理的，而不是所谓的

建筑师。这些匠师将关于建筑外观的许多较小决定权留给了与他们合作的其他工匠。许多个性鲜明、才华横溢、富有创造力的制作者（maker，匠造者）被委以重任，以确保建筑项目中自己负责的一角坚固、实用且美观。

这种情况在 16 世纪晚期开始发生变化，文艺复兴时期的欧洲开始流行一种复杂的新风格，匠师和与他们一起工作的工匠——制作者们——对这些新设计以及建造所需的特殊技术并不熟悉。于是，制作者们便开始失去对其所建建筑外观的干预了。

这是建筑行业危险的分水岭之始，这种分歧也一直持续至今。一种新的角色应运而生：一个理解这些宏大的文艺复兴新思想的人。

他就是建筑师。

建筑师不是制作者。建筑师的工作是起草建筑的图纸并监督制作者们施工；此时的制作者们已经被降级了，只能听命于建筑师。

起初，建筑师仍然必须接受与制作者相同的技艺培训，但逐渐这一要求开始淡化。1550 年，意大利画家兼建筑师乔尔乔 · 瓦萨里（Giorgio Vasari）就体现出了这种老派的思想，他写道：

“建筑只有在那些拥有
高水平判断力以及优良设计能力，
并且在绘画、雕塑和木雕方面
拥有丰富经验的人手中才能臻于完美。”

到那个世纪末，这种观点似乎已经过时了。

英国著名建筑师伊尼戈 · 琼斯（Inigo Jones），在 17 世纪上半叶于伦敦的作品有考文特花园（Covent Garden）、白厅宫国宴厅（Banqueting House in Whitehall）和格林威治皇后宫（Queen’s House）。但他并非工匠出身，而是一名制图员和服装设计师。

到了 19 世纪初，建筑师已经完全脱离了制作者的身份。在美国，自学成才的建筑师（后来成了美国总统）托马斯·杰斐逊（Thomas Jefferson）在自学了文艺复兴大师——尤其是他的偶像安德烈亚·帕拉第奥（Andrea Palladio）——所写的书后，设计出了如其住宅“蒙蒂塞洛”（Monticello）这样的标志性建筑。那时的建筑师已不再注重工匠出身了。取而代之的是，他们通过一套套复杂的图纸向建造者下达指示，并且独揽这些图纸。1834 年，英国皇家建筑师学会（The Royal Institute of British Architects）成立，它正式将建筑师与制作者区分开来。1890 年，英国的所有建筑师都必须在该学会进行注册。此时，除非得到该学会的许可，否则自称建筑师[①]是违法的。

危险的分水岭已经形成并正式确立了，未来灾难的种子已然埋下。建筑师不再是建筑的制作者，他们成了“白领”知识分子，受到英国皇室成员的提拔和认可，但却与创造性的制作过程相脱节。与此同时，真正制作一切的工匠和手工艺者却被贬低，他们被视为“蓝领”工人，无权在实际的建造过程中发表创造性意见。

① 此处的“建筑师”一词指的是经过认证登记的注册建筑师。

就在我在布莱顿图书义卖会偶遇高迪著作的第二年，我发现建筑师与建造过程之间存在着巨大鸿沟。

我很幸运能在制作者身边长大。我的母亲从事珠宝首饰的设计和制作，她会带我去各种工作坊和手工艺品展销会，在那里，我会着迷地看着人们用各种不同的材料焊接、锻造、铸造、吹制玻璃、编结、织造、雕刻。我的祖父是作家和音乐教师，他的妻子，也就是我的祖母，是一位纺织品设计师，她在 20 世纪 30 年代初就读于柏林的包豪斯学院。她打扮得就像一位年迈的芭蕾舞演员，曾为一位名叫厄诺 · 戈德芬格（Ernö Goldfinger）的建筑师工作，伦敦的特雷利克塔（Trellick Tower）就是他设计的。

我祖母对我的影响很大，她在追求卓越上既超前又有毅力。她经常谈到“美”，她注意到人们似乎害怕使用这个词。我和她一起度过了许多深受启发的时光。

小时候，我的梦想是成为发明家和建造者，去创造那些美丽而又特别的事物。制作和修理对我来说再平常不过。11 岁那年，我才知道自己想成为的人有一个名字，叫做“设计师”。那时我和父亲在伦敦西区，从皮卡迪利广场（Piccadilly Circus）沿路走几了分钟，我们看到一扇敞开的大门，上面挂着一块发光的牌子，写着“设计中心”。它里面摆着电动编织机、使用液压系统而非电力的机械臂、华丽的产品和家具，而在这一切的中心，则是一个聚光灯照射下的巨大模型——一个看上去令人难以置信的新城市，名为“米尔顿·凯恩斯”。就好像有种归巢本能在我脑中产生，我突然找到了目标和方向。

在伦敦金斯威普林斯顿学院毕业时，我获得了艺术与设计通识的 BTEC 文凭。之后，我进入曼彻斯特理工学院（Manchester Polytechnic）攻读三维设计的学位课程，在那里，我设计制作了各种各样的物品，并尝试了各种工具、材料和设备所能做的一切。第二年课程开始的时候，我被邀请到爱丁堡参加一个特殊的冬季建筑学校，在那里，一些世界著名的建筑师就他们的作品发表了演讲。在演讲间隙，我和建筑系的学生们混在一起，试图与他们交谈。

“你搅拌过混凝土吗?”

“你做过细木工吗?”

“你砌过砖吗?”

“你焊接过吗?”

或者——

“暑假期间，你在建筑工地上工作过吗?”

答案总是一样的：“没有。”学生们对我的问题和我对他们的回答一样感到困惑。这太奇怪了，似乎没人对实际地制作或建造感兴趣。在大学学习期

间，我一直在研究木材、金属、陶瓷、玻璃和塑料——这些都是建筑的主要材料。我意识到，对这些材料进行实际试验和把玩的过程并不是一项琐碎的工作，而是能给人带来灵感的过程。我曾站在折叠机前，了解金属折叠的过程 。我曾见过注塑成型和激光切割。

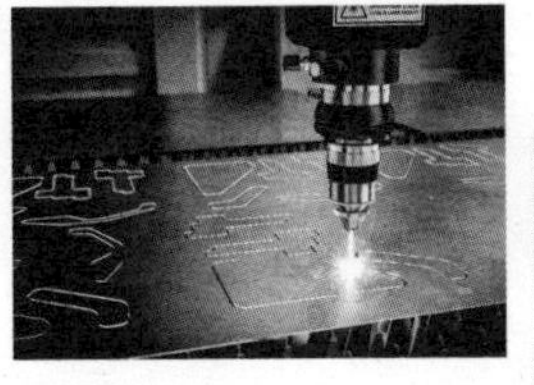

我曾雕刻过木头。我曾用手将湿黏土捏塑成型，然后看着它变干。我曾用凿子凿过塑料，并亲手打磨了凿子。我还曾吹制过玻璃，想去触碰而不能碰，因为我知道即使它看起来是凉的，但其实会灼伤我的皮肤。我绝不是最好的焊接匠、最好的雕刻匠、最好的细木匠或者最好的玻璃匠，但我学会了做所有这些事情。我发现，当你把玩材料时，它们就会变成你的老师，向你展示它们能做和不能做的一切。

亲手制作可能既使人愤怒又令人振奋，但它却是激发我想象力的最佳方式。当我环顾这物的世界时，无论是一枚小小的银戒指还是一座巨大的桥梁，我都是以一个匠造者（maker）的心态去观察的。当我工作于自己的项目时，脑子里萦绕着为什么设计可以是这样或那样的所有理论和哲学，但我也对材料和工艺如何相互影响可以有助于制作更好的事物拥有直觉。帮助我产生想法的不仅仅是在素描本上涂涂画画；是动手制作教会了我什么是可能的，也是制作激励我尽我所能去挑战那些极限。

然而，我在爱丁堡遇到的那些世界著名的建筑师和他们的学生却对制作一点也不感兴趣。他们的创意似乎与材料神奇的可能性毫无关系，并与之相反；他们的创意很大程度上是知识性的。这里充斥着常人从不使用的专业术语和理论，而我十几岁时的直觉告诉我，这些理论的重点放在了错误的地方。我同样对大家都在虔敬地聆听那些著名建筑师的话语而感到诧异，那些著名的建筑师几乎没有建造过任何真正的建筑。如果你几乎没建造过什么真家伙，你怎么可能成为著名的建筑师呢？

你怎么能负责制作世界上最大的物体，却对制作和材料不感兴趣呢？

但也许我的感想是错误的，也许我的经历并不代表真实情况。

经过又一年的学习，我对建筑设计越来越感兴趣，于是决定利用我必须撰写的 12 000 词的毕业论文，来研究建筑设计师与制作之间到底是什么关系。1991 年，我花了一夏天的时间来撰写论文《建筑的灵感：建筑中的实际制作经验案例》（*The Inspiration of Construction: A Case for Practical Making Experience in Architecture*）——我开车走遍了全国，与建筑工人、细木工、教师和 14 位建筑师进行了交谈。我在我那辆黑紫相间的“雪铁龙 2CV 查尔斯顿”小轿车里装满了西瓜，作为感谢礼物送给我遇到的人。

但我发现，我在冬季学校的经历绝非个例。建筑协会的一位讲师总结了人们的普遍看法，他告诉我："你不用会锯木头，就能知道自己是否喜欢光滑的门。"

确实如此。从16世纪开始，制作者和建筑师之间的鸿沟比以往任何时候都要大。

我曾认为建筑师就是设计和建造建筑的人。

但我发现建筑师并不是制作者。所以，这就一定意味着他们是设计师吗？

这并不完全正确。建筑师也并不总是把自己视为设计师。

我第一次有这种感觉是在十几岁的时候。随着我对设计的兴趣与日俱增，我的父母会带我去参加展览和展会。在我学习汽车设计期间，我的父亲买来了伦敦伯爵宫（Earl's Court）汽车展览会的门票。那天，我被那些未来主义的汽车设计所吸引。后来，我又对建筑设计产生了浓厚的兴趣，父亲便

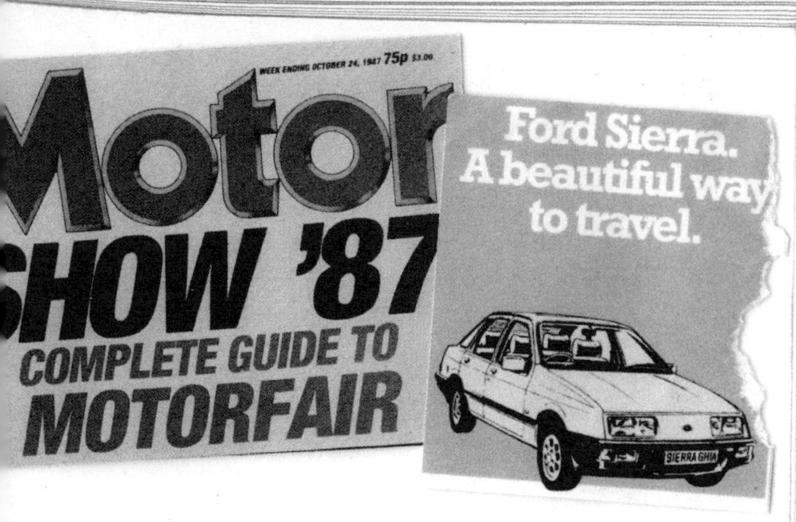

带我去贝德福德广场（Bedford Square）的建筑协会看毕业展，学生们正在那里展出他们的作品。我兴奋极了。据我所知，建筑师设计的是建筑，而建筑是可以设计的最大物体，是在你能想象的最大画布上进行的设计。所以，如果能看到未来建筑设计师的作品，当然会令人兴奋不已。

然而，那天我所看到的一切只让我感到困惑和失望。在汽车展上，我们看到了未来主义汽车的前瞻设计。但在建筑展上，我们没有看到什么一目了然的建筑设计。没有看得见的墙壁、屋顶或窗户，取而代之的是墙壁上一系列复杂且令人费解的抽象图纸，以及一些我无法理解的长篇大论，内容涉及“空间规划政治的多层复杂性”等。

当我专注于参观展览，试图了解一切事物的时候，地板中央的一台金属机器正用叮当作响的金属臂做着抽搐的动作。

这毫无意义。我原本以为自己会被崇高的未来愿景所震撼。然而，我看到的却是视觉上的胡言乱语，而且还被一台抽搐的机器绊倒了。这些年轻建筑师的作品让人难以理解。这到底是怎么回事？

几年后，事情变得清晰起来，当时我 21 岁，是曼彻斯特理工学院设计专业的学生。为了参加毕业展，我们需要设计并制作我们最后的作品。有的学生做了耳环，有的做了木盘，还有的做了长凳。与高迪接触的经历、前一年的巴塞罗那之行，以及那个夏天撰写论文时的发现——这一切启发了我——我决定尝试建造一座真正的建筑。我知道这是一个野心十足的计划，我也知道，学建筑的学生从来没有建造过任何东西，就连我自己的导师也很快就说："你为什么不做一个建筑的模型呢？"但是考虑到我的毕业论文研究，我莫名地有种想要尝试的冲动。另外，我知道维多利亚时代有建造亭台楼阁和装饰性建筑等小型构筑物的传统，也许建造一个类似的小型构筑物是可以实现的？

一个周末，我和女朋友一起去到诺森伯兰郡（Northumberland）特威德河畔贝里克区（Berwick-upon-Tweed）附近的乡村采风，在那里，我看到了一个奇怪的废弃谷仓，它的屋顶已经坍塌扭曲。这让我不禁想知道，如果把屋顶一直扭曲到地面，会发生什么呢？这样它就不仅是一个屋顶，也是一堵墙。如果我在两边都这样做，我能把这个想法变成一个小亭子吗？

回到学校以后，我为有可能实现这样的构筑物而兴奋不已。我去找了建筑系的高级导师。他们肯定会很高兴看到一个大学生要建造一座全尺寸的建筑，如果可以的话，他们一定会愿意帮助我的。我满腔热情地坐在导师的桌前，向他展示了初步设计图纸和黏土模型，然后静静地等着他研究。最后，他抬起头来说：“你的想法有什么诗意？”“哦……”我支支吾吾地说。“嗯，你看屋顶是扭曲的，而这是——”他一边说着，“这……”一边把我的图纸递了回来，“这不是建筑。”

黏土模型

建筑学课程的讲席导师对我设计和建造一座建筑的尝试提不起任何兴趣，也丝毫不感到兴奋。我很难过，并且也十分惊讶；我的设计“不是建筑”听起来让人感到有些荒唐。

这是我第一次了解建筑设计师的官方世界是如何定位自己的。“建筑”一词并不是对一项活动的描述，而是一种可以被授予的奖品。最后，我设法从26家慷慨的当地公司那里找到了赞助，他们帮助我在理工学院的中央庭院里建造了我的亭子，亭子的四周是各个院系的窗户。一些同学和学院的技术人员看到我被曼彻斯特的大雨淋成了“落汤鸡”，对我很是同情，于是帮助我一起把亭子建了起来。此时的大家仿佛都受到了这件不寻常之事的鼓舞。

但奇怪的是，到了毕业展览的时候，建筑系用

黑纸挡住了窗户——这样参观展览的人就不会看到另一个专业的学生建造了学院第一座真正的建筑了。

如果建筑师是建筑的设计师，而我设计了一座建筑，那么为什么我设计的建筑不是建筑呢？为什么它需要有“诗意”才称得上是建筑？

因为，正如我在贝德福德广场的建筑协会第一次感受到的那样，建筑师们并不仅仅把自己看作是设计师。

“建筑是艺术，别无其他。”

——菲利普·约翰逊（Philip Johnson），建筑师

“建筑是一种视觉艺术，建筑本身就是最好的证明。”

——朱莉娅·摩根（**Julia Morgan**），建筑师

“我想特别谈谈作为一门艺术的建筑。我相信，这是它有价值的唯一原因。”

——保罗·鲁道夫（*Paul Rudolph*），建筑师

“建筑是最伟大的艺术。”

——理查德·迈耶（RICHARD MEIER），建筑师

“建筑是艺术之母。”

——弗兰克·劳埃德·赖特（Frank Lloyd Wright），建筑师

建筑师将自己视为艺术家。

需要明确的是，这只是一种含混的说法。有些人不这么认为，但很多人是这样想的。即使是那些嘴上说没有将自己视为艺术家的人，他们的思想、言谈和行为举止也常常让人觉得他们认为自己是艺术家。（回想一下他们在颁奖时对彼此建筑的评价吧。）

就像画家、小说家和音乐家等其他艺术家一样，建筑师也很容易被他们那个时代的艺术潮流和时尚裹挟。这就是我们在本书中看到和描述的那些无聊的建筑之所以形成的根本原因之一。它们无聊的特质并不仅仅是节约成本、懒惰或缺乏想象力的结果，它们变得无聊也并非是因为偶然或者错误。它们的无聊是故意的，是100多年前掀起的艺术热潮的结果。

这股热潮被称为——

现代主义

现代主义是对我们今天所熟悉的世界，其诞生之痛的一种艺术回应。

在19世纪末和20世纪初，几乎所有我们自以为了解的关于现实的事情，都开始变得好像是错的。

第一次世界大战使一代人处于震惊和幻灭的状态。

工业化在世界范围内蔓延，

机枪
电影
汽车
电报
飞机等

发明重新定义了大自然的表现极限。

人们对阶级、宗教和性别的旧观念开始瓦解。在“理性”思维脆弱的外表下涌动的潜意识新论变得流行起来。

科学的进步，如阿尔伯特·爱因斯坦的相对论，开始揭示宇宙自身的奥秘。

事实证明，这个世界比任何人从前想象的都更加令人不安和难以预测。

突然之间，过去的假设似乎成了天真、妄想和虚假。

现代主义者

的创造性大脑想要表现这一充满挑战的新现实，这是可以理解的，也是不足为奇的。他们创作的艺术反映了一种普遍“对现实失去信心”的情绪，现代主义文学专家伯里克利·刘易斯（Pericles Lewis）教授写道：“现代主义者必须为现代世界发明一种全新的表现手法。”

绘画、雕塑、文学、诗歌、音乐和舞蹈的旧规则让人觉得不合时宜，甚至有些过时。它们被抛弃了。音乐失去了调式，诗人放弃了格律和诗歌结构。詹姆斯·乔伊斯（James Joyce）等作家摒弃了小说的传统形式和情节。画家们不再对风车等田园风光、赤裸上身的少女或者海上的船只感兴趣。现在，他们想要去掉不必要的细节，探求更根本的形式。他们使用纯粹的几何形状、简单的线条、纯色和抽象图案进行创作，而巴勃罗·毕加索（Pablo Picasso）则使用二维、重组和解构的形式来描绘女性。美术馆里的展品不再只是为了激发观众的情感愉悦，它们试图挑战观众。先锋诗人查尔斯·波德莱尔（Charles Baudelaire）写道，现代主义者试图“震撼中产阶级”。艺术家卡齐米尔·马列维奇（Kazimir Malevich）展出了一幅只有一个黑色方块的画作，而马塞尔·杜尚（Marcel Duchamp）则展出了一个小便器、一把雪铲和一幅《蒙娜丽莎》的复制品，他在上面画了小胡子和字母“L.H.O.O.Q.”，这是法语“Elle a chaud au cul”的快读谐音，意思是“她的屁股很火辣”。

巴勃罗·毕加索，《坐着的女子半身像》，1960 年

马塞尔·杜尚，《L.H.O.O.Q.》，1919 年

现代主义者的艺术令人发狂、要求苛刻、富有灵感，而且往往才华横溢。用现代主义诗人、作家、剧作家纪尧姆·阿波利奈尔（Guillaume Apollinaire）的话来说，他们提供的作品“更多的是理性而非感性”，他们迫使人们去思考，而不是去感受。他们并不认为自己的使命是用美丽或愉悦的情感来引诱人们。相反，正如抽象派画家巴

尼特 · 纽曼（Barnett Newman）所写，“现代艺术的冲动，是毁掉表现美的欲望”。

感觉被淘汰了，思考成了主流。在现代主义狂热的魔咒之下，艺术家们的关注点从心灵转向了头脑。

卡西米尔·马列维奇的《黑方块》和《黑圆圈》（均绘于 1923 年）

雕塑

过时

艾蒂安·莫里斯·法尔科内特（Etienne-Maurice Falconet），1758 年

流行

亚历山大·阿契本科（Alexander Archipenko），1912 年

诗歌

过时

生日

我的心就像一只歌唱的鸟儿，
它的巢筑在了水润的嫩枝上；
我的心像一棵苹果树，
它的枝桠被累累硕果压弯了腰；
我的心就像一只彩虹贝壳，
它在宁静的海面上自由荡漾；
我的心比这一切还更欢畅，
因为我的爱人来到了我的身边。

用丝绸和羽绒为我筑起讲台；
挂上毛皮和紫色的饰品；
上面雕刻着鸽子和石榴，
还有孔雀长着一百眼；
再用金黄和银白的葡萄妆扮，
树叶和鸢尾草银光闪闪；
因为我一生中最重要的生日
已经来临，我的爱人来到了我的身边。

克里斯蒂娜·罗塞蒂（Christina Rossetti），1857 年

流行

超级鸟之歌

Ji
Uü
Aa
P’ gikk
P’p’gikk
Beekedikee
Lampedigaal
P’p’ beekedikee
P’p’ lampedigaal
Ji üü Oo Aa
Brr Bredikekke
Ji üü Oo ii Aa
Nz’ dott Nz’ dott
Doll
Ee P’ gikk
Lampedikrr
Sjaal
Briiniiaan
Ba baa

库尔特·施威特斯（Kurt Schwitters），1946 年

绘画

威廉·哈兹里特（William Hazlitt），1808 年

保罗·克利（Paul Klee），1922 年

舞蹈

安娜·巴甫洛娃（Anna Pavlova），1900 年

奥斯卡·施莱默（Oskar Schlemmer），1926 年

现代主义者鄙视一切形式的“装饰”，无论是华丽的、过度描述性的文字，还是装饰艺术的花哨和幻想。装饰被认为是平庸的、世俗的、过时的和不诚实的。“人们厌倦了装饰，”埃兹拉 · 庞德（Ezra Pound）写道，“它们都是骗人的把戏。”正如文艺批评家温迪 · 斯坦纳（Wendy Steiner）所写的，“一个又一个的宣言诋毁装饰：从庞德谈意象派诗歌到海明威论散文中的艺术诚实。”

现代主义运动就像一场革命一样，席卷了整个艺术界。

当它进入建筑界时，它冲击了建筑界的根基。

几千年来，自维特鲁威时代甚至更早以来，人们普遍认为，成功的建筑应该兼具坚固、实用和美观。

但是现在，维特鲁威凳子上的一条腿被踢掉了。

就是带来欢乐的那一条。

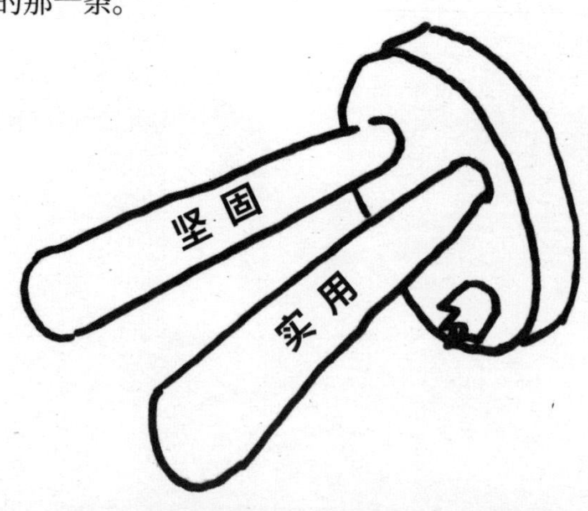

对于现代主义的艺术思想来说，真相才是最重要的。

而真相并不美好。

它往往是可耻的、具有挑战性的和困难的。

但它也很有趣。

这给我们提出了一个难题。

这场产生了艾略特（T. S. Eliot）、弗吉尼亚·伍尔夫（Virginia Woolf）和毕加索等人耀眼夺目、才华横溢的艺术作品的运动，怎么也会在全球范围内掀起一股无聊建筑的热潮呢？

为了弄清这个问题，我们要去见一个人，与任何其他人相比，可以说他功不可没地将建筑带入了现代主义的世界，并定义了这场艺术运动在建筑中的呈现。我将用这个人的思想和作品来讲述一个更宏大的故事：一代建筑设计师是如何开始从令人思想麻木的无聊中发现美的。

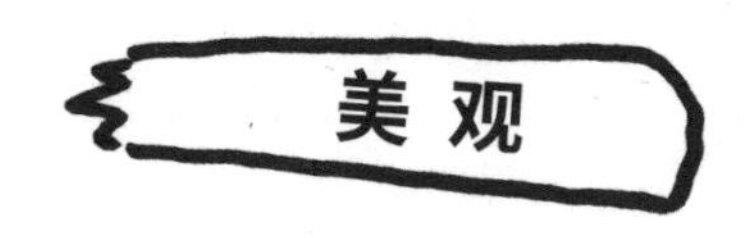

拜见
无聊之神

他来了，戴着他那副著名的圆形眼镜。在他启发的那一代建筑师中，许多人都模仿和佩戴过这款眼镜，时至今日，这种眼镜仍然可以在建筑界的个别人脸上看到。

他称自己为“勒 · 柯布西耶”（Le Corbusier），“像乌鸦一样的人”。

他的真名是查尔斯-爱德华 · 让纳雷-格里斯（Charles-Édouard Jeanneret-Gris），他是现代主义时代的孩子，于1887年出生于瑞士。几乎可以肯定，他与那些创造了现代主义运动的诗人、画家和作家一样，受到了世界上同样重大而令人不安的变化影响。勒 · 柯布西耶出人意料地坚信自己的伟大，认为自己是少数“世界历史人物”中的一员。他还将自己视为艺术家，在1923年他写道：“建筑是高于一切的艺术”。

勒·柯布西耶

查尔斯-爱德华·让纳雷-格里斯

20 世纪初，世界上大片的城市区域几乎都是危险、肮脏和病态的，勒 · 柯布西耶把典型的家庭住宅比作“满是肺结核的旧马车”。他认为，中世纪城市中心古老蜿蜒的街道拥挤不堪，造成了“身体和神经疾病”以及“卫生和道德健康”的退化。

他还认为它们不适合即将到来的未来，因为那时，人们将开着汽车以不可思议的速度四处飞驰。他想用现代主义的思想彻底改变建筑和城市。

正如现代主义艺术家想要抛弃诗歌、故事、绘画和电影的所有旧规则一样，勒·柯布西耶认为，当时的建筑“被习俗所扼杀”，必须从根本上重新想象。他喜欢讲述自己 1925 年在斯特拉斯堡（Strasbourg）与一位建筑同行相遇的故事，当时的他正在一场国际比赛的评审团中任职。一天早上，评委们乘车离开城市，来到了周围乡村的田野和森林。在那里，勒·柯布西耶对运河和铁轨完美的直线大加赞扬，认为它们“在这片不伦不类的风景中显得鼓舞人心，甚至富有诗意”。其中一位评委对他所提出的愿景——一个直线的世界——提出了抗议，“你那条笔直的大道似乎没有尽头，人们走在上面会无聊死的”。

勒·柯布西耶听到后“大吃一惊”，回答说：“你也有车，竟然还这么说！”对于这位具有世界历史意义的艺术家兼建筑师来说，那个人没有搞清重点。无聊？这关乎于未来！“至关重要的是……汽车可以尽情地行驶。”

勒·柯布西耶相信，建筑世界的功能具有至高无上的重要性。

如果运河和铁轨在完全笔直的情况下运行效率最高，那么完全笔直就是它们应该有的样子。完全笔直是它们的真理，而真理才是最重要的。

建筑也是如此。建筑的真理就是它的用途。

而一座建筑物的外观就应该表现出它的真理。

没有点缀。没有装饰。没有地方感。

真理，仅此而已。

勒·柯布西耶的一生写了很多文章、小册子和书籍，有数百万字来阐述他的思想。他的“全集”共有八卷，长达1704页，售价近1000美元（加上邮费和包装费）。

勒·柯布西耶有很多话要说，以至于其他建筑师有时会拿他开玩笑。据说赖特曾说过：“好吧，现在他已经完成了一座建筑，他又要去写四本关于这座建筑的书了。”法国建筑师安德烈·沃根斯基（André Wogenscky）曾承认：“我们无法简单地理解他的书，这些书会让人糊涂。”

我将列出勒·柯布西耶的七大核心信条。完全理解他的现代主义愿景是极为重要的；我想告诉大家的是：这些信条不仅关乎单个建筑的外观，还关乎这种建筑共同构成的街道和整座城市。

为了避免疑义，也为了让大家知道我没有夸大其词，我将让勒·柯布西耶用他自己的话来表述。

勒·柯布西耶的
七大信条 →

THE SEVEN BELIEFS OF LE CORBUSIER

勒·柯布西耶的

七大信条

信条 1

装饰应该废除

“（装饰）适合简单的种族、农民和

野蛮人……农民喜欢装饰，

喜欢装饰他的墙壁。”

——勒 · 柯布西耶

勒·柯布西耶与他的许多现代主义艺术同人一样，蔑视装饰和点缀。他在大量的著作中谈到，他认为建筑的内部和外部都应当表现出它们用途的朴素真相。装饰和点缀是为头脑简单的人准备的，见多识广的现代男男女女不需要被复杂的视觉虚饰和繁琐装点包围，他们应该超越这一切。

然而，现在人们已经知道，对装饰的热爱是人类本性的一部分。正如许多动物（最为众所周知的是孔雀）一样，我们对美的展示植源于生物学上的性选择。装饰是一种普遍现象，自人类诞生以来就一直存在着：所有已知的人类社会都为美化投入了宝贵的资源。在南非的一个洞穴中，考古学家发现了一条项链，项链上至少有 65 个贝壳，形状像泪珠，这条项链可能是 7.5 万年以前的人们佩戴的。在阿尔及利亚和以色列也发现了类似的人工制品，其年代可追溯到 12 万年前。还有其他一些在印度尼西亚发现的装饰贝壳被认为有 50 多万年的历史。

我们建造有趣建筑的历史也非常悠久。一些我们所知最早的标志性建筑是 1965 年在乌克兰发现的，当时一位农民在扩建地窖时发现自己挖到了一块巨大的猛犸象颚骨。现场挖掘发现了四座圆形的房子，每座房子都是由数十根相互交错的颚骨和象牙建造而成。科学作家盖娅 · 文斯（Gaia Vince）将其描述为“非凡而复杂的建筑，需要巧妙的规划和工程设计才能建成”。每座房子都需要“一大群猛犸象的骨头”来建造，而且需要耗费大量的时间、精力和技术，每个头骨至少重达 100 公斤，即使在当时也同样价值连城。这些令人难以置信的建筑被认为建于大约 2 万年前。他们会把自己的装饰品——美丽的珍宝（琥珀装饰品和贝壳化石）——从原产地运到最远 500 公里外的地方。像这样的早期建筑还有土耳其的“哥贝克力石阵”（Göbekli Tepe）神庙群，遗址中有许多雕塑和精雕细刻的巨石，其中最古老的部分被认为可以追溯到公元前 1 万年。

即使是距今 6.5 万年的尼安德特人（Neanderthals）的家，也会用模板拓印和绘画涂鸦进行装饰。

现代科学证实了人们对装饰所带来的视觉趣味的原始需求。研究人员发现“缺乏复杂性的图案会让我们反感”。研究表明，在城市环境中，当人们大约每 5 秒钟就能发现“看起来新奇而又有趣的事物”时，他们是最快乐的。大多数人都能在周围 的“模式复杂性”（patterned complexity）中发现美。

勒 · 柯布西耶和其他现代主义者所钟爱的光秃秃的混凝土墙壁，正是因为缺乏复杂性才被认为对人类不友好。通过一种名为“温度感”（thermoception）的神经机制，我们会下意识地通过触摸来感受材料。当我们看到木头等能让人感到温暖的材料时，我们会感觉很舒适。然而，混凝土、金属和玻璃则往往会让人感到寒冷和不适，并引发退缩的本能。证据确凿，而且来源广泛：进化史、神经科学和心理学。

装饰和点缀本质上就是人类本性的体现。

城市应该围绕直线而建

勒·柯布西耶认为，中世纪风格的城市道路蜿蜒曲折，丑陋不堪，并不好用，应该被废除。

“现代城市以直线为生……直线是城市内核的应有之义。曲线是灾难性的、困难的和危险的；它是一种令城市瘫痪的东西。”

——勒·柯布西耶

勒·柯布西耶对历史名城的看法十分野蛮。他主张将巴黎右岸，包括玛莱区（他将之描述为“但丁地狱的第七层”），大面积拆除代之以 18 座大厦，每座约 185 米高，围绕着一个宽阔的“网格形”道路系统排列。

他还坚持认为，奥赛火车站（Gare d'Orsay）和香榭丽舍大皇宫（Grand Palais des Champs-Élysées）“不属于建筑”。

如果勒·柯布西耶实现了他的计划，巴黎市中心就会是这个样子。

可视化效果：克莱门斯·格里特尔（Clemens Gritl）

他甚至说过，在罗马“丑陋之物不胜枚举”。2021 年，标志性旅游丛书《易行指南》（*Rough Guides*）的幕后团队询问读者，他们认为世界上最美丽的城市是哪些。

这就是他们心目中的前五名：

1. 罗马　2. 意大利，佛罗伦萨　3. 巴黎　4. 爱丁堡　5. 伦敦

今天，我们可以毫无疑问地说，丑陋和失败的并不是那些以中世纪建筑为中心的古老城市，而是现代主义者建造的无聊之地。

古老的城市是人本化的。

建筑应该为大规模生产而设计

勒・柯布西耶认为，

建筑就应该像机器或产品一样，

易于复制。

地方感并不重要。

“如果房屋也像汽车底盘一样工业化的大规模生产建造，那么很快就会出现意想不到但又合理可行的形式，并以惊人的精确性形成新的美学。”
——勒·柯布西耶

事实上，勒·柯布西耶的观点大错特错：人类并不希望重复看到同样的建筑，他们更喜欢变化。

2012年，澳大利亚悉尼大学（The University of Sydney）和瑞典乌普萨拉大学（Uppsala University）的研究人员证明了这一点。他们想找出什么样的城市场景能让人们的心理得到恢复——帮助我们放松，集中精力，恢复我们消耗殆尽的精神能量储备。他们向200多名参与者展示了由不同类型住宅组成的不同街景。他们发现，无论是在建筑的轮廓还是表面细节上，建筑的变化越大，人们的心理恢复能力就越强。

阿姆斯特丹的建筑

地方感对人们来说非常重要。大多数人更喜欢建筑以及由它们所构成的地方看起来与众不同，并能反映出其所处之地的特征。

在勒 · 柯布西耶之后的一个世纪，有调查显示，人们对“视觉上更复杂”的建筑风格有着非常强烈甚至是压倒性的偏好。与此同时，被最多人认为是最美丽的城市是“感情强烈、协调连贯、细节丰富的；它们的‘味道’是本地的，而不是国际的”。

地方感告诉我们，我们是谁，我们在哪里。

变化是有趣的。

单调是无聊的。

变化和地方感，无疑是人本化的。

所有
建筑和
场所的
设计
都应该
以直线和直角
为主

“我们很少留意天空映衬下房屋的轮廓；那景象太令人痛苦了。在城市的每一条街道上，房屋的剪影像是一道道裂痕，一条条崎岖不平、跌宕起伏的混沌线条，带着突兀的破碎感……”

——勒·柯布西耶

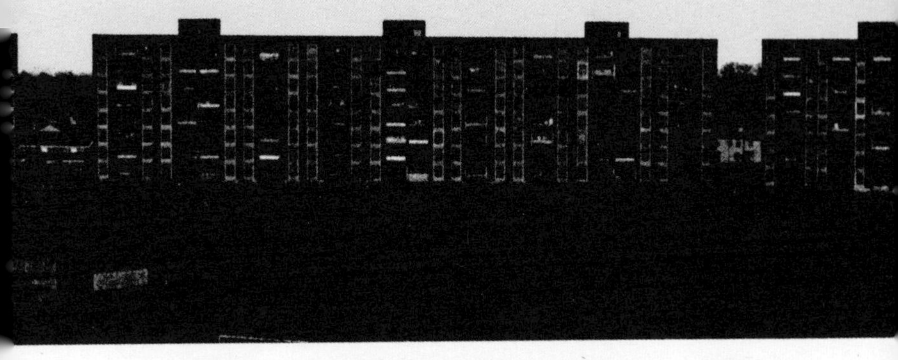

“如果在天空的映衬下看到的小镇轮廓……变成一条纯粹的线条……我们的情感就会截然不同。这一点至关重要。”

——勒·柯布西耶

勒·柯布西耶对直角的崇拜是如此之深，以至于他花了七年的时间写了一本名为《直角之诗》（*The Poem of the Right Angle*）的书，但他不知道的是，大多数人其实更喜欢曲线多一些。2013 年，奥辛·瓦塔尼安（Oshin Vartanian）博士领导的一个科学家团队对人们进行了脑部扫描，并向他们展示了一系列的建筑图片。其中一些图片上的建筑由曲线细节构成，而另一些图片上的建筑则由直线和直角组成。参与者被要求判断每张图片是“好看”还是“不好看”。科学家们发现，人们更倾心于一些有曲线的建筑，认为它们比只有直线的建筑更好看。对此，脑部扫描给出了原因。科学家们发现，在参与者观察有曲线的建筑时，其大脑处理情感奖励的区域活动增加了。我们会从曲线中感受到情感上的奖励“因为它们预示着没有威胁，即安全”。与此同时，哈佛医学院（Harvard Medical School）的学者进行的脑部扫描显示，方形和有棱角的物体会导致杏仁核的活动增加，而杏仁核是大脑中帮助我们应对压力和恐惧的部分。在另一项研究中，参与者将曲线形状与“安静或平静的声音”、香草的气味和“舒缓的情绪”联系起来；而由直线构成的棱角分明的形状则让他们联想到酸涩的味道、喧嚣的声音、柑橘的气味和惊诧的情绪。另外，研究人员还发现，人们更愿意进入有曲线而不是棱角分明的房间。研究表明，幼龄儿童看圆形物体的时间比看有棱角的物体的时间要长（这种行为意味着吸引力）。人们发现，旅客们更喜欢圆形的机场建筑。就连我们的进化表亲——类人猿，也表现出了对曲线的偏爱。

如果这些还不够的话，勒 · 柯布西耶对网格状布局的热爱也被发现与人类处理外部世界的方式相悖。神经科学家发现，我们的大脑是以 60 度角而不是勒 · 柯布西耶喜欢的 90 度角来映射我们的环境的：人类不是以正方形的网格，而是以六边形的格子来看待世界的。

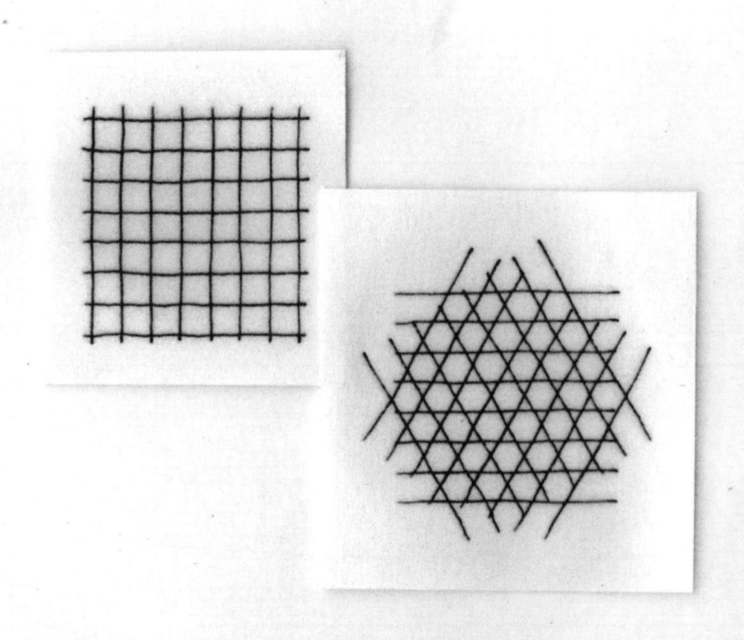

与此一致的是，大多数人更愿意看分形而不是网格。复杂的自然现象，比如海岸线、山脉和蕨类植物的叶子，都可以用分形来表示。

从印度教寺庙到哥特式大教堂等有趣的建筑物中也可以找到分形。

自然界中几乎没有直角。

很明显，直线和矩形在建筑物中占有极其重要的位置。但是，在缺乏足够复杂性的情况下，如果让直线和矩形占据主导地位，它们就会失去人本特质。

曲线和分形才是足够人本的。

勒·柯布西耶的
七大信条

信条 5

街道应该予以废除

“我们的街道已经不再适用了。街道已经过时了。不应该再有街道这种东西了。”

——勒 · 柯布西耶

过时的
勒·柯布西耶信条

“咖啡馆和娱乐场所将不再是蚕食巴黎人行道的真菌：它们将被转移到平屋顶上。”

——勒 · 柯布西耶

在前面，我们发现了勒 · 柯布西耶和现代主义者所钟爱的“无聊王国”是多么有害。科学家们在研究与街道脱节的现代主义风格住宅区时发现，佛罗里达州迈阿密东小哈瓦那的西班牙裔贫困社区的老年人出现健康问题的几率要高出三倍（见第 121 页），部分原因是这些建筑缺乏促进人与人之间联系的特性。

最近的研究发现，街道的设计也有类似的效果。西雅图的研究人员发现，在“小店林立、热闹非凡的街道上”，路人帮助有需要的陌生人的可能性是在“整洁但基本上毫无特色的街区”的四倍。

首席研究员查尔斯 · 蒙哥马利（Charles Montgomery）解释说：“我们认为，亲善效应是速度的结果。当人们移动速度较慢并有时间进行眼神交流时，他们会对彼此更友善。”勒 · 柯布西耶所憎恶的蜿蜒曲折的老街，对我们是有好处的，它们鼓励社交。而现代主义风格所特有的宽阔笔直的道路和空旷且有回音的广场则不然，它们会让我们感到疏离和困惑。神经科学家发现，大脑会将我们进入的任何环境都视为“行为设定”（action setting）。

大脑会将周围空间当作一组指令来处理，进而寻求问题的答案：我该如何与这个空间互动？我应该在哪里行走？我应该坐在哪里？我应该在哪里避雨？我应该朝哪个方向走？传统街道的布局充斥着这些问题的答案，这是一个成功的行为设定，而现代主义的广场或空旷的林荫大道则不然。

街道之于人类，就像兔子窝之于兔子：它们之所以看起来是这样的，是因为它们反映了我们是谁。人类是“趋触性的”（thigmotactic），这意味着我们是个喜欢靠近墙壁的物种。

贴在一个旋转滚筒筒壁上的人们

我们很自然地就会被有建筑围墙的狭窄街道所吸引，也会自然而然地去建造这样的街道。除非赶时间，否则我们不会喜欢步行穿过空旷的广场，而是会贴着两边走。同样，如果公共空间的中间和两侧都有长椅，我们往往会本能地选择两侧的座位。

勒·柯布西耶希望巴黎右岸成为一个由36~122米宽的空旷道路组成的大型网格系统。但调查发现，最受人们喜爱的街道宽度为11~30米。有些则是例外，比如巴塞罗那的格拉西亚大道（Paseo de Gracia）或者巴黎的香榭丽舍大街（Champs-Élysées），其宽度通常被林荫大道分割开来。

传统风格街道的几何形状让我们更喜欢社交。

它让我们有了安全感。

它为大脑提供了行动所需的信息。

勒・柯布西耶的
七大信条

信条 6

旧城和郊区应该被公园绿地环绕的大型街区所取代

“要想知道这样一座垂直城市会是什么样子，请想象一下，直到现在还像干面包渣子一样散布在地上的所有这些‘垃圾’被清理干净、装车运走，取而代之的是巨大的透明玻璃晶体，高度超过 600 英尺；每一个都与下一个保持着适当的距离，它们矗立着，将所有的基座都建在了树丛中。”

——勒 · 柯布西耶

JAMOE

勒·柯布西耶强烈认为，像巴黎这样比较古老的城市的中心及其郊区应该被拆除。

不需要我来告诉你，你也应该知道现代主义风格的公共塔楼并不总能造就幸福的社区。城市设计专家爱丽丝·科尔曼（Alice Coleman）的重要研究发现，这些地方都非常地“反社群”（anti-community）：到处都是危险的角落和走廊，以及无人管辖的区域；到处都是涂鸦，垃圾遍地，污秽不堪。由于大家在彼此的天花板上“一个叠一个”地生活，导致人们缺乏“对街道的关注”（像在屋前花园等半社交空间中的那种），因此也就不可避免地造成了人与人之间的疏离；这不仅使得反社会行为遭到助长，而且此类缺乏人本元素的区域也会阻碍积极关系的形成。

大量研究发现，这类房产的居民对自己的家都不太满意，他们压力更大，更不乐观，情绪也更低落。心理学和环境研究教授罗伯特·吉福德（Robert Gifford）认为，“相关文献表明：对大多数人来说，高层住房不如其他住房形式令人满意，对儿童来说也不是最佳选择；与其他住房形式相比，社会关系更缺乏人情味，帮助行为更少，犯罪和对犯罪的恐惧更多；而且高层建筑还可能是一些自杀事件的独立原因”。

多丁顿和罗洛公屋（DODDINGTON AND ROLLO ESTATE）

1971 年，电影制片人拍摄了伦敦多丁顿和罗洛公屋中居民的生活和想法，当时这座公屋正在建造中，可容纳 7 000 人。该影片名为《房屋旧址》（*Where The Houses Used Be*），讲述了许多从传统街道搬迁到这座“乌托邦式”现代主义天空之城的人们的心声。

一位女士说：“为人们提供一个体面的住所有很多好处。我不知道这些房子是谁设计的，也不知道他们是为谁设计的，或者他们是否认为我们的感受或想法与他们有任何不同，这些建筑师以这种硬邦邦的、营房式的方式建造这些公寓，肯定是有原因的。因为我敢肯定，他们自己也不可能喜欢这样的设计和外观。如果他们能咨询一下生活在这些地方的普通人，我们想要什么，那就好了。他们喜欢的东西，我们也喜欢。他们喜欢他们住处的外观看起来很漂亮，我们也一样。我们与他们没有任何不同。不过假以时日，我相信肯定有人能够学会去问问普通人，问问他们想要什么。”

无聊的公屋毫无人本可言。

建筑物的内部（设计图）比外部更重要

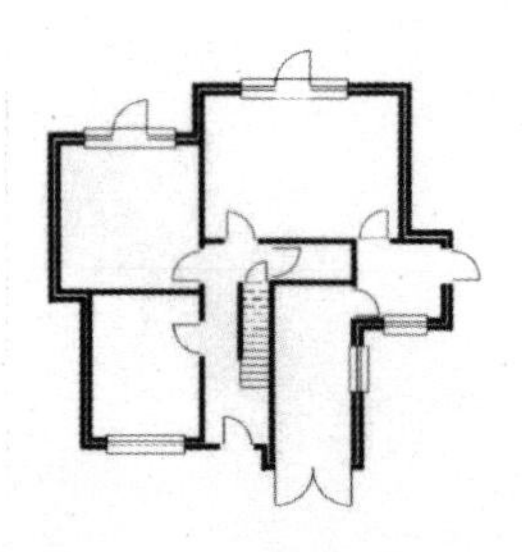

“设计图是由内而外进行规划的；
外部是内部的结果。”

——勒·柯布西耶

佩萨克，1929年

勒 · 柯布西耶认为，建筑物的外观应是其内部设计的结果。

而且它的内部设计应反映出它的功能。

根据勒 · 柯布西耶的说法，建筑是用于生活和工作的机器，这就是它们应有的样子。形式应该服从其功能。任何不实用的东西——任何点缀、装饰、不必要的曲线或者仅仅是美化的企图——都是对其真理的背叛。

但是，勒 · 柯布西耶的许多有影响力的建筑的真实情况是：它们遭到了大众的排斥。

1929 年，勒 · 柯布西耶在法国西南部的佩萨克建造了一个住宅开发项目。“我同意你去实践你的理论。”开发商告诉他，“佩萨克必须成为一个实验室……”但是，即使是崭新的建筑，它们的外观也被证明不受普通人的欢迎。销售这些别墅的房地产经纪人甚至认为有必要在营销材料中对其无聊的外观进行说明：“这栋别墅新颖的外观可能让您心生疑虑……外观并不总是会让人一见倾心。”

新搬来的居民开始修饰勒 · 柯布西耶平淡的设计：在屋顶露台周围竖起了栅栏，增加了花盆，缩小了窗户，并在他钟爱的“底层架空柱”（建筑物的支柱）周围筑起了围墙。

如今，当地居民仍在努力接受他的现代主义愿景。2015 年，建筑作家海伦娜 · 阿里扎（Helena Ariza）——勒 · 柯布西耶的粉丝，在法国和瑞士的公路旅行中参观了他的作品——发现许多房屋“完全面目全非，被改造了……一些室内空间被分割成新的房间，长方形的窗户被较小的方形窗户所取代，露台被覆盖，出现了新的斜屋顶，停车场也被拆除了”。许多房屋“状况非常糟糕，有些……甚至已经废弃了。这一区域在佩萨克居民中并不是很受欢迎”。

尽管如此，2016 年，佩萨克还是被联合国教科文组织列入了世界遗产名录。

勒 · 柯布西耶自视甚高，而许多建筑师、城市规划者以及评论家也都对勒 · 柯布西耶推崇备至。

建筑师兼评论家彼得 · 布莱克（Peter Blake）将他与列奥纳多 · 达 · 芬奇和米开朗基罗相提并论。

建筑历史学家查尔斯·詹克斯（Charles Jencks）称他为“堪称 20 世纪最伟大的建筑师”。

建筑师兼评论家斯蒂芬·加德纳（Stephen Gardiner）称他为“领导 20 世纪建筑运动的心思缜密的天才”。

2009 年一个温暖的夏日，我怀着反朝圣的心态参观了一件据说是勒·柯布西耶最杰出的作品。当时我正和家人在瑞士驾驶着露营车度假，但我们设法绕道去了他在法国东北部弗朗什-孔泰地区的朗香镇设计的一座小教堂——朗香教堂（Notre-Dame du Haut）。我们开着大众 Kombi 面包车在停车场停了下来，它就在那里。

这是我这辈子见过的最好的建筑之一。

这座小教堂于1955年竣工，正值勒·柯布西耶晚年，它既有秩序又有复杂性。它有弯曲的、白色的、倾斜的墙壁，墙壁上有许多尺寸、位置和颜色各不相同的小窗，还有一个令人惊叹的深色弯曲屋顶。它造价低廉，可看起来不像是生产线上的机器零件，而是人类幻想的迷人创造。在不对称的小教堂内，那些深浅不一的窗户向幽暗的室内投射着柔和的光线，在静谧中营造出一种神秘而奇妙的气氛。

它精妙绝伦。

这种明显的精神分裂症——既宣扬大量无聊的同时又能创造出如此独特的人性光辉——究竟是怎么回事?为什么勒·柯布西耶看起来似乎放弃了他曾经所宣扬的一切？我敬畏地站在那里，完全没有头绪。

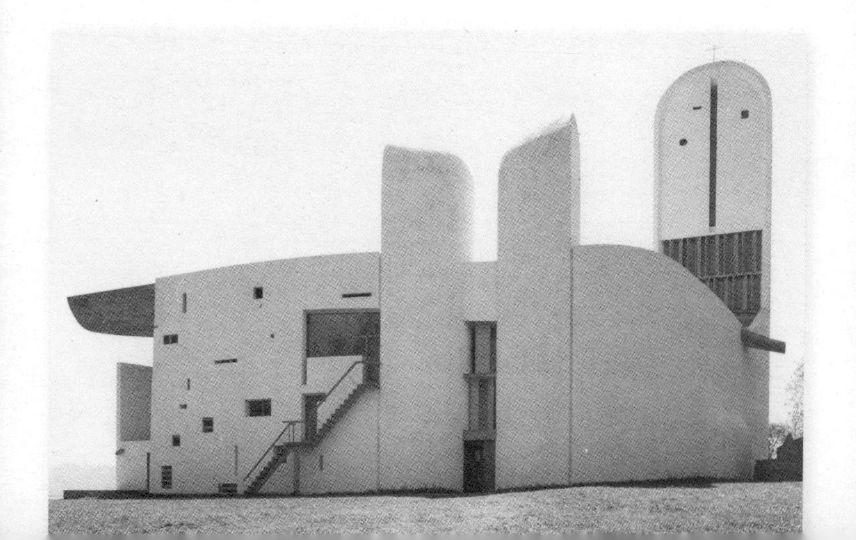

但我不得不承认，作为一名单体建筑的设计师，这个男人可能是个天才。

世界的悲剧在于，像朗香教堂这样令人惊叹的建筑并没有产生广泛的影响。勒·柯布西耶狂热推崇的理念，使得建筑外观中重复的秩序彻底压倒了复杂性，而这种造型的建筑也像野火一样蔓延开来。

这是他于 1952 年在法国马赛建成的著名的“马赛公寓”（Unité）——一个重复的、扁平的矩形居住区，它启发了世界各地成千上万个更平滑、更重复、更扁平的矩形建筑居住区的灵感：战后的英国、苏联、亚洲，以及后殖民时代的非洲和美洲。

建筑师兼评论家肯尼斯·弗兰普顿（Kenneth Frampton）称这座建筑为“令人叹为观止的英雄纪念碑”；建筑师瓦尔特·格罗皮乌斯（Walter Gropius）曾说：“任何觉得这座建筑不漂亮的建筑师都最好放下他的铅笔。”

我们应该警惕事后诸葛亮式地对现代主义建筑设计师作出过于苛刻的评判。不难理解，为什么勒·柯布西耶在开放空间中建造巨型大厦的城市理念如此引人注目。在天空中生活和工作，被清新的空气和公园绿地环绕，这似乎是对未来的美好憧憬，甚至是必然的未来。

现代主义建筑设计师当时所面临的问题是真实而紧迫的。甚至在第二次世界大战之前，现代世界就已经以一种看似令人激动的速度向他们冲来。内城的贫民窟往往

是可怕而拥挤的地方，充斥着犯罪、贫穷和疾病。1921年，勒·柯布西耶想要拆除的巴黎波堡区（Beaubourg district），该区276栋房屋中有250栋因肺结核污染而被指定为不适合居住。中世纪的城市中心显然不是为未来繁忙的机动车交通而设计的。随后，第二次世界大战实现了现代主义者梦寐以求的目标——摧毁了欧洲大片古老的城市。

废墟中将必然诞生新的事物。

德国维尔茨堡，1945年

同样重要的是要记住，这个故事远不止勒·柯布西耶一个人，我一直用他来代表整个现代主义浪潮，因为他是其中公认的最具影响力的现代主义建筑设计师，他的每一个思想和理论都留下了大量的证据。

但，勒·柯布西耶当然不是唯一一位将平淡的现代主义思想应用于建筑的建筑师，还有很多建筑师也追随这股热潮，设计了类似的建筑。他们同样无视大众的批评，大众经常抱怨这些建筑野蛮、平淡、令人望而生畏且毫无个性特征。与现代主义画家和雕塑家一样，建筑师们崇尚秩序而非复杂性，并寻求表现纯粹的形式——完美的正方形和完美的矩形、完美的直角和完美而连贯的线条。

其中的佼佼者之一是路德维希·密斯·凡德罗（Ludwig Mies van der Rohe）。如果说勒·柯布西耶是“无聊之神”，那么密斯（几乎与他同时代）就是“圣母玛利亚”。勒·柯布西耶为整个城市的规划而苦恼，而密斯则专注于单体建筑，经常提出以厚玻璃板铺满巨大的矩形建筑。他也坚决通过平淡而无情的方案来表达现代性，放弃曲线，转而使用直线和直角；剥去装饰和细节，转而大规模使用重复性空白，想象自己正在设计其他人可以大规模生产的理想高楼和校园建筑形式。正是密斯帮助推广了“少即是多”这句话。

密斯·凡德罗

下面是一些密斯 · 凡德罗被誉为杰作的建筑。

少真的就是多吗?

抑或只是言过其实?

卡门学生公寓（Carman Hall Apartments），芝加哥

IBM 大楼（IBM Building），芝加哥

湖滨公寓（Lake Shore Drive Apartments），芝加哥

拉斐特大厦（Lafayette Towers），底特律

魏森霍夫住宅（Weissenhofsiedlung），斯图加特

海角公寓（Promontory Apartments），芝加哥

维希尼克礼堂与珀尔斯坦礼堂（Wishnick & Perlstein Halls），芝加哥

德克森联邦大楼（Dirksen Federal Building），芝加哥

据说，密斯的这句口号是由一位更早期的现代主义先锋建筑师创造的，他的创意“教父”——彼得 · 贝伦斯(Peter Behrens)。

它贯穿了无聊建筑设计师思想的三大信条之一，就像十字架标志、万福玛利亚和天父贯穿天主教一样。

路易斯 · 沙利文（Louis Sullivan）于1924年去世。

阿道夫 · 路斯（Adolf Loos）于1933年去世。

彼得 · 贝伦斯于1940年去世。

勒 · 柯布西耶于1965年去世。

密斯 · 凡德罗于1969年去世。

为什么这些逝去已久之人的思想会流传至今？

他们又是如何不可思议地抵御多代人的排斥的呢？

要想找到答案，我们必须深入了解过去和现在的那些无聊建筑的设计师和城市规划者的思想。

邪恶的“三位一体”

少即是多

彼得·贝伦斯

形式遵循功能

路易斯·沙利文

装饰即罪恶

（取自 *）阿道夫·路斯

* 路斯颇具影响力的演讲实际上题为《装饰与罪恶》

如何（意外地）

制造一种“异端”（CULT）？

我的一位密友曾参加过一场在伦敦一家高级俱乐部举行的辩论会，辩论双方是建筑界的两位大人物。辩论的主题是公众对建筑的意见是否重要。令我惊讶的是，他事后告诉我说：“在场的人普遍认为，公众知道的不够多，不值得倾听。”他告诉我：“大多数人认为，‘你为什么要问他们？他们知道些什么？’”

这种文化保护了精英建筑设计师的自尊心，使他们的作品不会遭遇绝大多数人的排斥。上面写着：公众不喜欢我们的作品是因为他们无知。我们比公众更在行。

这是一种便利的假想，让他们可以无视大量证据，即大多数人并不想要大多数建筑设计师所设计的东西。只不过这样的假想，让他们可以一代又一代、一遍又一遍地继续建造无聊的建筑。

这些人怎么会与其他人如此格格不入呢？

他们看到了什么我们其他人看不到的东西？

答案出人意料：现代主义建筑师认为，无聊的建筑是美观的。

我是在 1999 年发现这一点的，当时我应邀参加一个关于伦敦东部的一座新医院大楼的介绍会，该大楼将由一家著名的建筑公司负责设计。大楼的设计者站在讲台上，并展示了他的工作室为这一重要的新机遇提出的方案。他用柔和而富有魅力的语调介绍着自己的作品，称其会让人联想起“托斯卡纳山城[①]”(Tuscan hill town)。听起来很美。当他展示他的图纸时，我迫不及待地抬起头，等待着大揭秘。

那个建筑根本不是这么回事儿。我心想：这可不是托斯卡纳山城。

我很困惑。建筑师看到的是托斯卡纳山城，而我看到的却是一个十层楼高的巨大而又扁平的盒子，前面还多出了几个街区。令我惊讶的是，全场似乎只有我一个人看到这一点。我周围的听众显然被这种非人本化的景观迷住了。他的汇报结束后，我坐在那里茫然不知所措。其浪漫

① 意大利托斯卡纳四季如画，美如仙境，是意大利文艺复兴的发源地，因其丰富的艺术遗产和极高的文化影响力被称为“华丽之都”。——译者注

的修辞与设计完全不符。为什么他没有引起哄堂大笑？在一个理智的世界里，这座无聊、丑陋的建筑被形容为“托斯卡纳山城”，当然应该是滑稽可笑的。

那天，我意识到了一些奇怪而令人不寒而栗的事情——如果我们想要真正地了解无聊的灾难是如何席卷全世界的，那么了解这些事情就是至关重要的。当建筑师和非建筑师观察建筑物时，他们往往会体验到不同的现实。现代主义建筑师体验到的是另类的现实，在这种现实中，他们的建筑是精美绝伦的。而非建筑师的客户们则害怕自己显得无知或者过时——或许还担心另一种设计方案的成本可能更高——因此他们便暂且相信那些被奉为是专家的建筑设计师。

虽然 20 世纪的许多现代主义音乐家、画家和作家都完全摒弃了表现美的想法，但勒 · 柯布西耶等建筑师则采取了略有不同的做法。也许是考虑到要取悦客户和赢得委托，他们宣称自己平淡的、空白的、无聊的设计是美丽的。

以下是“无聊之神”本人的解释，在他看来，他建筑中主要常用的简单形状给人以什么感觉（加粗的部分是他的解释）：

“**使用那些能够影响我们感官、满足我们视觉欲望的元素，**并且……以这样一种方式来处理它们，它们或精致或粗糙、或躁动或宁静、或平淡或有趣，**使我们一看到它们，就立即被吸引**；这些元素是可塑的，是我们眼睛能够清楚看到、我们的头脑能够揣摩的形式。这些形式，无论是简单的还是微妙的，易驾驭的还是野蛮的，都会在生理上作用于我们的感官（球体、立方体、圆柱体，水平的、垂直的、倾斜的，等等），并激发它们。”

勒 · 柯布西耶的建筑美观吗?

我认为其中有一小部分是美的。但无论你或我的感受如何，事实上都很难断言一座建筑是美还是丑。不过，我们有可能注意到意见的重要性。大多数人喜欢什么样的建筑？正如我们所发现的，古往今来，大多数人都会被那些有趣的建筑所吸引——它们有细节、立体感、装饰，以及历史感和地方感。

神经科学家的研究（见第220~221页）证实，大多数人都能在带有一些曲线的形状中找到快乐和安慰，而棱角分明的线性形状则让人感到威胁。

然而，大多数现代建筑师似乎仍然喜欢不加修饰的直角、直线和平面。

他们对无聊的渴望是如何形成的呢?

我们人类是总是千差万别的，当你看到画家、雕塑家、音乐家和作家的作品时，这种差异就显而易见了。流行艺术的风格多种多样，但出于某种原因，许多设计我们建筑的人最终喜欢的都是同样的扁平盒子。评论家们有时会认为，建筑设计的世界已经被哗众取宠的疯狂行为所占领；事实与他们的观点相反，现实情况是，大多数建筑公司在城市中建造的建筑都非常相似。你几乎分辨不出哪家公司做了什么。

为什么会出现这种情况?

答案就在于成为建筑师的过程。

评审

我在快三十岁时，还是一名初出茅庐的建筑设计师，我应邀参加了一个建筑专业学生经常害怕的活动。在学生七年培训的大部分时间里，学生的作品都要通过所谓的“裁判与评审”（jury and crit）制度进行评估和质疑。这种“评审”可以追溯到19世纪的巴黎，学生们必须在指导教师、来访专家和业内同仁面前展示自己的作品，然后在公开评审时为自己的作品答辩。就像伯明翰城市大学（Birmingham City University）的建筑学教授雷切尔·萨拉（Rachel Sara）和纽卡斯尔大学（Newcastle University）的建筑学教授罗西·帕内尔（Rosie Parnell）所解释的那样，这种评审是“一种成人仪式……可以被视为学生从一种身份（未入门或非建筑师）向另一种身份（像建筑师一样思考 / 行动的人）迈进的标志。”

当我到达建筑学院时，我对自己将要评审的作品一无所知。我走进一间报告厅，发现 17 名紧张的学生正准备向他们的导师和我——来访专家——答辩他们的作品。我坐下来，被告知我们将评估他们的最新项目。我想知道那是什么项目。

他们是在一个环境敏感地区建造了一座公寓楼吗？或是在棘手的一小块地上建造了一所内城学校？还是一家只有标准预算一半的医院？

“是什么项目？”我试探性地问。

“在月球的零重力环境下，为一个独腿男人在悬崖边建造的房子。”

我回想起自己十几岁时在毕业展上被抽搐的机器绊倒的经历。当时，我觉得自己很愚蠢，因为我不理解那些毕业作品——这是我的失败，因为我太天真、太无知。但从那以后，我有了足够的经验，意识到愚蠢的并不是我。这太荒唐了。这些勤奋的学生们在白白浪费他们的时间。

我目睹了一群自欺欺人的知识精英正在孕育自己的新一代，他们已经完全脱离了普通人的期望、关注和快乐。尤其令人不安的是，这是一个评审的场合——一种以迫使学生用特定方式思考而臭名昭著的环境。这是因为人类有一种效仿的天性。心理学家早就知道，我们会不自觉地吸收我们所崇拜的人的品位和观点。而嵌入评审中的社会动力往往会放大这种逐步形成的效仿冲动。“评审”似乎是年轻人接受大脑移植的地方，因为他们要学习如何像建筑师一样思考、表达、感受和行动。

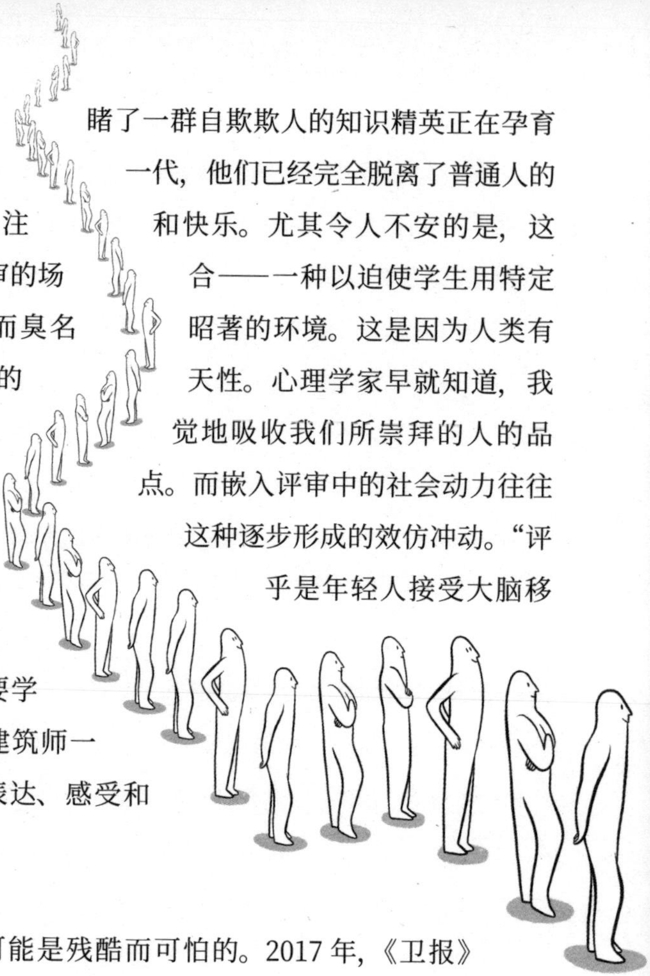

评审可能是残酷而可怕的。2017 年，《卫报》（*The Guardian*）为建筑学专业的学生发布了一份关于“如何在评审中幸存下来”的指南，并将之描述为“情绪化和戏剧化的野战训练场”，“在经过数周的努力之后，感觉这不过是一连串的辱骂”。为了正确理解这种体验，萨拉教授和帕内尔教授对一群学生进行了调查。他们发现，学生普遍认为这一制度存在缺陷，而且“往往无法发挥其作为有效的批判性对话场所的潜力。压力和恐惧是大多数学生最一致的体验”。他们询问学生，当他们想到“评审”时，脑海中闪现的第一个词是什么。只有 8% 的学生回答了正面的词语；42% 的学生给出了相对中性的词语，比如“工作负担”或“评语”；但最大比例的学生想到了负面的词语，比如“恐惧”“害怕”“毁灭性的”“可怕的”“压力”“冲突”和“地狱”。

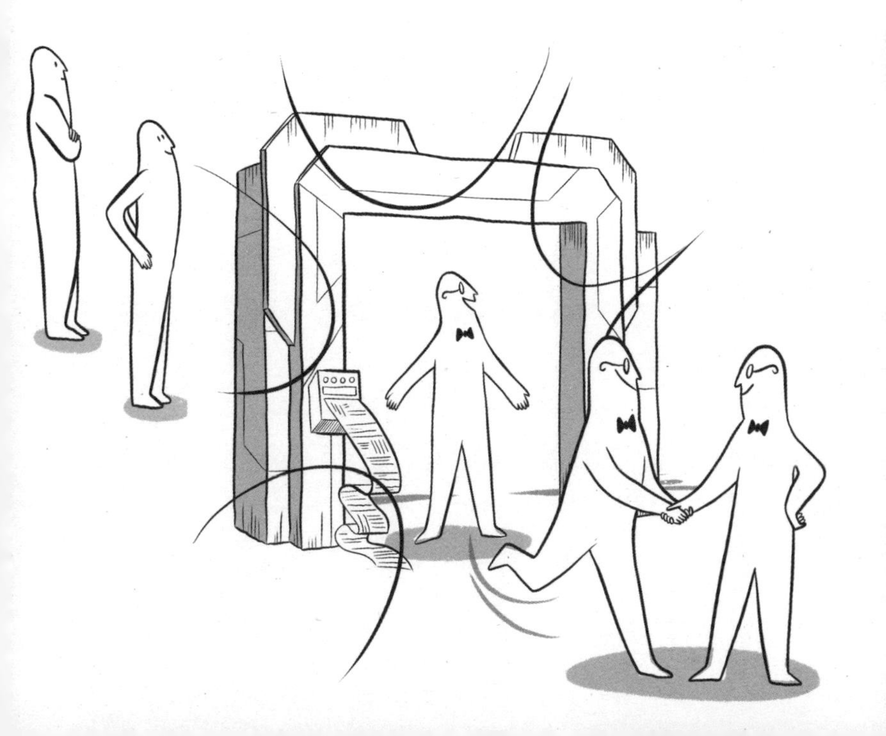

有一次，一位明星建筑师参加了一次评审，一位学生回忆说：“全校师生都到场观看，每个学生都被这位嘉宾‘损’得体无完肤。其他导师都对他敬畏有加，不敢出面支持自己的学生。”

当然，并不是所有的评审都不好。当我和我工作室的建筑师们谈起时，有些人坚持认为他们没有过这样的经历。我毫不怀疑有些大学举办的评审答辩会是积极、有教养的。但我担心的是，评审是在学生的同龄人面前进行的，因此这可能会让他们感到羞耻，而且他们的本能不是去发现自己的审美品位——而是去模仿那些像法官一样坐在他们面前的长辈们的审美品位。萨拉和帕内尔研究中的一名学生承认，他们除了“这是导师想要的吗?”之外，“没有思考或关心过其他任何事情”。另一些学生则认为评审答辩具有“负面潜质”，是一种“塑造工具”，旨在“向学生灌输导师（批评者）的价值体系和相关的现有知识”。

2019年，一群建筑教育工作者发现，“有大量的证据表明——既有经验主义的，也有批判性的——评审答辩导致了从众而非创造力，它们服务于主流文化范式，而不是开放式学习的理想。”

我们在让世界窒息的“无聊王国”中看到的正是这一点——从众而非创造力，这绝非巧合。

理论家

在我看来，学生在大学期间也过于重视精英建筑理论家的作品。热情的年轻学生被鼓励去阅读像雅克 · 德里达这样的思想家的作品，他们用这样的语言表达自己对建筑主题的看法：

雅克 · 德里达（Jacques Derrida）

我们看到，引文中有一个比喻，有人可能倾向于将它认作“解构”的主要隐喻特性乃至寓意性本身，某种建筑修辞学。在某种建筑术中，在体系的艺术中，人们首先确定被疏忽的角落和有缺陷的墙角石，一开始就对建筑物的严密性和内在秩序构成威胁的墙角石。但这毕竟是一块墙角石！它是建筑结构所要求的，但它事先就从内部解构该结构。它保证结构的严密性，为此它同时以明显和不明显的方式事先在一角确定了它的处所，该处所最佳、最经济，适宜于将来的解构，使解构的杠杆有了用武之地：这是一块墙角石！可能还有其他类似的处所，但这一处所自有其特权，因为整个建筑少不了它。它是建筑得以耸立的条件，它使高墙保持直立，也可以说它支撑建筑，包含建筑，它相当于建筑体系亦即整个体系的概括。

——摘自雅克·德里达《多义的记忆：为保罗·德曼而作》(*Memoires: For Paul de Man*)

许多人都会因为以这种荒谬的方式说话和写作而获得嘉奖。年轻的建筑师们这样做是在积极地延续现代主义者所创造的传统，即他们的作品应该是“理智多于感性的”——所有这些都是为了思考令人印象深刻的晦涩思想，并在彼此面前显得聪明，而不是用非凡的美感、有趣的想法或者愉悦的情感来激发和吸引公众。其结果是，他们开始忽视内心的想法，只考虑头脑。他们关注的焦点不再是现实中的人们，以及他们将如何体验和享受他们有朝一日建造的建筑，而是如何使这些建筑与他们的理论相吻合。

正是这个过程导致了我十几岁时看到的展览出现了深不可测的文字、抽象的形状和抽搐的机器，以及那些花了数周时间为了给一个独腿人在月球上建造一座过于假设和无关紧要的房子而苦恼的学生。

我意识到，如果你向那些对学生灌输思想的学术引领者提出质疑，转而要求他们设计出能够真正取悦大众的实用建筑，他们很可能会指责你在使这个行业变得愚笨。

但我并不认为那些关心大众的建筑设计师们变得愚笨了。

我认为这些受过错误教育的专业人士才变得愚笨了。他们被困在知识的死胡同里，向他们所教的每一代新学生传播着相同的老旧而又非人性化的价值观。这些学生反过来又成为同一位导师的新版本，无休止地延续着同样的培养方式。

在世界各地，由这一培养体系塑造的学生也在不断将他们的想法强加给世界上的其他人，并建造出他们认为有很多话要说的建筑，但这些建筑往往都是无聊至极的。

建筑教育在履行它的使命。

这样的建筑教育所培养出的建筑师会重新思考以往建筑师的所思所想，并建造出只有建筑师们才认为美观的建筑。

但正如我们所看到的，问题在于建筑学专业和公众无法就“美观”建筑的实际含义达成一致。英国心理学家大卫·哈尔彭（David Halpern）博士注意到了这个问题，他是行为洞察小组（Behavioural Insights Team）的负责人，该小组是一个全球性的社会公益组织，也被称为“推进小组”（Nudge Unit）。他决定调查一下这个问题是如何产生的。

首先，他必须了解建筑师和公众的品位是否真的存在那么大的差异。他找来一组建筑专业学生和一组公众，让他们对一些人物照片和建筑照片的吸引力进行评分。

他想知道谁同意谁的观点。

在对人物的吸引力进行评分时，建筑师和非建筑师之间的相关性“极高”。当谈到漂亮的人物时，几乎每个人都同意其他人的看法。

但在对美观建筑的评分中，两组之间的相关性“低，且无显著差异”。这意味着“建筑师们都同意某些建筑具有吸引力，而非建筑师们也有都同意另一些建筑具有吸引力，但这两组偏好之间几乎没有对应关系”。

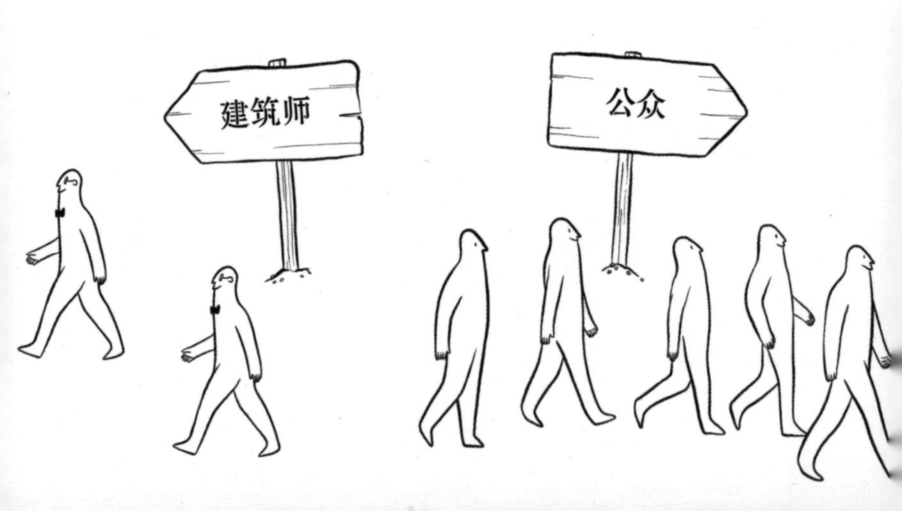

是什么原因导致了这种明显的品位差异呢？哈尔彭找出了建筑师在长达七年的教育过程中被灌输思想的证据。哈尔彭在研究学生们的品位如何演变时，发现他们在大学里待的时间越长，他们对美的看法与一般公众之间的差距就越大。“一年级建筑师与普通大众之间的品位差异相对较小（尽管仍然很明显），但是在高年级学生中，品位差异变得更加明显。”

这种灌输导致了哈尔彭所说的设计师悖论：“如果一位建筑师设计了一座他或她自己非常喜欢的建筑，那么普通人不喜欢它的原因很可能与建筑师认为它有吸引力的原因相同。”

哈尔彭的研究发现也正是我所担心的：建筑教育鼓励的不是创造力，而是盲目的从众。

我们用一个词来形容这种灌输——

洗脑。

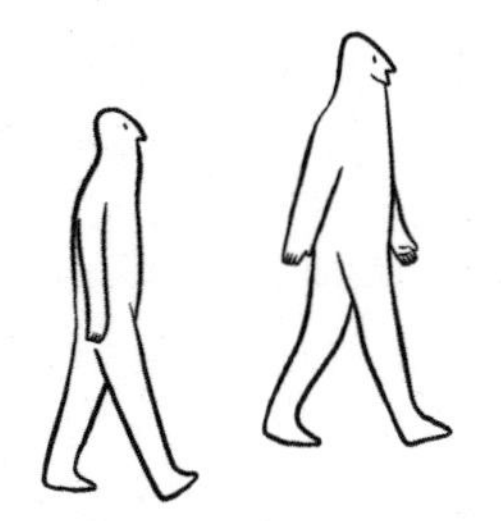

现代主义
建筑
是一种异端

这是一个与世隔绝的群体，他们通过遵循其领袖制定的一套独特的信仰和做法，将自己与更广阔的世界隔离开来。

异端的信仰和实践必须与普通人的信仰和实践截然不同——正是这种不同让其成员相信他们是独立的、开明的。

只有恪守其神秘的信仰，异端的信众才能在其群体中获得认可和地位。

这就是为什么这种异端既能通过其信仰的怪异性，又能通过其成员的顺从性来识别。

异端的信众不会向外界寻求认可，因为外界是无知和低劣的。相反，他们会相互依赖，并仰赖其领袖的教诲。他们往往有自己晦涩难懂的手册，如果他们想要获得认可和启迪，就必须研究这些手册。

在第 273 页，我们读到了雅克 · 德里达奇怪而难懂的著作。与之相比，“世界基督教统一圣灵协会”（Holy Spirit Association for the Unification of World Christianity，通常被称为“统一教”）的创始人文鲜明（Sun Myung Moon）的胡言乱语则是这样的：

我们当像潮水一样。当潮水涌来形成满潮，也就是形成水平面的时候，冲突就没有了。它达到了最高点。然后，在上升之后，它会开始下降。当它下降到下方最低位的水平面时，又会再次上升。在这个过程中，必然会形成一个 X 的形状。要达到平静没有冲突的状态，即不断形成水平面（像画 X 字一样，从右上角开始），就必须再向左下方移动，当到达左下方后又形成另一个水平面，接着继续向右移动，到达右侧后，再向上移动到左上角。当到达左上角后，再次变为水平状态并向右移动，最终回到原来的位置。以这样的方式（像画 8 字一样），所有事物都必须与 O 和 X 的基准相协调。那么，X 是如何存在的呢？正如 O 中可以存在无数个 X，如果 X 中没有任何一个 O 的话，那么 X 也就无法成立。

现代主义建筑师们通过研究特殊的文本以获得启迪，并且他们也用自己的特殊语言说话。学习内部语言是所有异端流派洗脑过程中公认的一部分。它创造了一种群体感，使成员之间能够相互识别，并将未受启迪的外来者排除在外。它还有助于形成异端信众生活其中的另一种怪诞现实。“天堂之门”将他们在美国怀俄明州的家园社区称为“飞船”，将厨房称为“营养实验室”，将洗衣房称为“纤维实验室”。雷尔教派（Raëlism）的信徒们会进行一种他们称之为“细胞传递计划”的按手仪式。

现代主义异端用自己深奥的语言创造出了他们无聊崇拜的怪诞现实。例如：

窗户配列（窗户）[Fenestration (windows)]

吊顶（天花板）[Soffit (ceiling)]

底层架空柱（柱子）[Piloti (column)]

拱肩（侧板）[Spandrel (side panel)]

曲线的（弯曲的）[Curvilinear (curving)]

住宅（住宅）[Resi (residential)]

竖向中梃（窗条）[Mullion (window bar)]

表皮（建筑物外部）[Skin (outside of a building)]

悬臂（无支撑结构）[Cantilever (unsupported structure)]

外壳（建筑物外部）[Envelope (outside of a building)]

乡土风格（地方传统）[Vernacular (local tradition)]

地方精神（一个地方的精神）[Genius loci (spirit of a place)]

幕墙（建筑物正面）［Façade (building face)］

杀热特（小组设计会议）［Charette (group design session)］

毗邻（紧挨着）［Contiguous with (next to)］

成行排列（相连的房间）［Enfilade (connected rooms)］

空间围合（房间）［Spatial enclosure (room)］

细沟（小溪）［Rill (stream)］

回廊（嵌入式阳台）［Loggia (inset balcony)］

负空间（空隙）［Negative space (gap)］

类型学（类型）［Typology (type)］

分岔（分开）［Bifurcate (separate)］

整体设计思路（建筑物的组织原则）
［Parti (a building's organising principle)］

有些人称这种语言为“建筑废话”（archibollocks）。

被灌输现代主义妖言的不仅仅是建筑师。

世界各地的许多建筑，不管是无聊的还是有趣的，根本就不是建筑师设计的。我不是建筑师，勒·柯布西耶和密斯·凡德罗也不是。在英国，“注册建筑师”这个头衔是受到法律保护的。一个人要自称为建筑师，就必须得到建筑师注册委员会（Architects Registration Board）的批准。1997 年版的《建筑师法》第 20 条规定，该术语只能用于描述受过正规的教育、培训并拥有丰富经验的人。（2018 年，建筑师注册委员会的一名调查官给我寄了一封恐吓信，因为有人称我为注册建筑师。他们说：“继续使用这个词可能会构成刑事犯罪，应当尽快修改。”）

在许多其他国家也可以发现类似的情况。在泰国，注册建筑师是受保护的职业；在美国，除非你获得某个州颁发的建筑师执照，否则自称为注册建筑师是违法的，这一过程需要建筑学学位、多年学徒制的培训以及通过美国建筑师协会（American Institute of Architects）的多部分考试。哥伦比亚人需要获得五年制学位并通过考试；意大利人需要获得建筑学硕士学位，通过名为“国考”（Esame di Stato）的多部分考试，并在建筑师注册委员会注册；在荷兰，注册建筑师需要在官方认可的大学取得五年制学位或者拥有一定从业经验，才能参加建筑师注册管理局的考试。

因此，要自称（注册）建筑师并不容易。无论是谁，无论在哪，要想最终赢得在电子邮件签名中添加“注册建筑师”一词的权利，几乎都要花费大量的时间和资源。这可能就是为什么英国仅有 6% 的住宅实际上是由注册建筑师设计的，而在美国，这一比例仅为 1%~2%。

但这并不意味着建筑师在“无聊”蔓延的过程中没有发挥主导作用。在英国各地的郊区，成千上万座千篇一律的房屋可能通常都不是由建筑师建造的，但他们每年都会参与我们城市的重大项目，以及包括学校、购物中心和医院在内的公共建筑的设计。建筑师引领着对话。他们是有影响力的人——他们的品位、观点和奖杯从高层向下渗透，渗透到更多行业中。

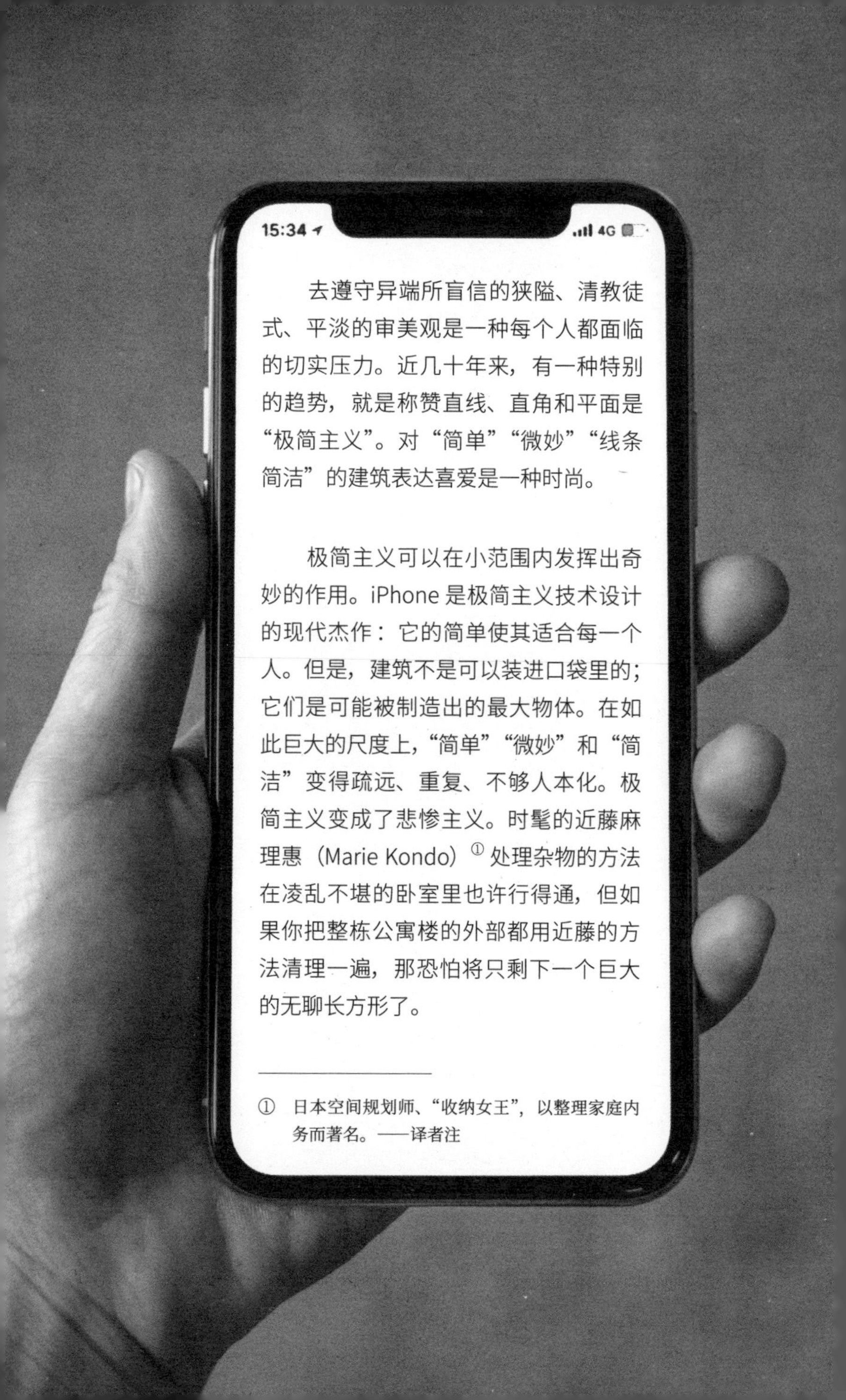

去遵守异端所盲信的狭隘、清教徒式、平淡的审美观是一种每个人都面临的切实压力。近几十年来，有一种特别的趋势，就是称赞直线、直角和平面是“极简主义”。对“简单”“微妙”“线条简洁”的建筑表达喜爱是一种时尚。

极简主义可以在小范围内发挥出奇妙的作用。iPhone 是极简主义技术设计的现代杰作：它的简单使其适合每一个人。但是，建筑不是可以装进口袋里的；它们是可能被制造出的最大物体。在如此巨大的尺度上，“简单”“微妙”和“简洁”变得疏远、重复、不够人本化。极简主义变成了悲惨主义。时髦的近藤麻理惠（Marie Kondo）[①] 处理杂物的方法在凌乱不堪的卧室里也许行得通，但如果你把整栋公寓楼的外部都用近藤的方法清理一遍，那恐怕将只剩下一个巨大的无聊长方形了。

① 日本空间规划师、“收纳女王”，以整理家庭内务而著名。——译者注

"死要面子"

"不合时宜"

"不严谨"

"过火"

"粗俗"

"抖机灵"

然而，在这些建筑周围却笼罩着一种知识分子优越感的氛围，这会让怀疑者不敢大声说出这些建筑的枯燥无聊，以防其他人——尤其是建筑师和建筑评论家（受过建筑教育的人）——认为他们很愚蠢。于是，他们一边赞美沉闷，一边用不屑一顾的目光注视着有趣的事物，并用同样嗤之以鼻的侮辱来谴责它。

"不自量力"

"滥而无用"

"瞎忙活"

"走下坡路"

"过度设计"

"极度张扬"

"形象工程"

现代主义有点像亨氏食品：它有“57 个品种”，有许多不同的风味和演变。如果你是研究 20 世纪建筑风格的专家，你可能会反对我忽略了现代主义的其他重要流派和衍生风格，比如后现代主义和粗野主义。

以下是这些建筑风格的一些示例。

后现代主义

粗野主义

如果你接受过所谓正规的教育，并且受过辨别差异的训练，我毫不怀疑你在看这些照片时会看到截然不同的建筑。

但是，当我眯起眼睛仔细观察它们时（除了少数例外），我看到的仍然是过于扁平、过于平淡、过于单调。

不同口味的无聊。

完整插图说明见第 494 页

1923年，勒·柯布西耶曾抱怨，“建筑在陈规旧习中闷得喘不过气来”。100年后，这句话再次成为现实。只不过，现在它被过去勒·柯布西耶时代的旧习闷得喘不过气。

现代主义者指责批评他们的人停留在过去。但如今，现代主义者才是仿冒品的拥趸——他们建造和重建上个世纪就已过时的陈词滥调。他们才是沉湎于过去的人，他们在被洗脑后沉迷于过时的时尚，却仍认为这是具有现代性的，只是因为它的名字里有“现代”二字。

对现代主义的崇拜让我们停留在了永恒的20世纪。它是美学的尸体。它声称这个词的意思是“现在”，但建造的建筑却呈现着“过去”。

到目前为止，我们已经了解了现代主义建筑的文化，以及它是如何通过教育的力量，通过对某些品位和观点的支配，来影响一代又一代人的思想，并渗透到整个行业。

但是，如果现代主义的愿景及其所有衍生，没有以“其他方式”发挥效用的话，它也不会停滞不前这么久。

当我说“其他方式”时，我指的是一种特别的方式。

为什么到处看起来

THE UNITED STATES OF AMERICA
ONE
THE UNITED STATES OF AMERICA
ONE
IN GOD WE TRUST
K 91301786 A
THIS NOTE IS LEGAL TENDER
FOR ALL DEBTS, PUBLIC AND PRIVATE

都像利润？

FEDERAL RESERVE NOTE
THE UNITED STATES OF AMERICA
THIS NOTE IS LEGAL TENDER
FOR ALL DEBTS, PUBLIC AND PRIVATE
K91301786A
WASHINGTON, D.C.
THE UNIT
ONE
ANNUIT COEPTIS
NOTE
AMERICA
91301786A
WASHINGTON, D.C.

随着世界在19世纪开始工业化，建筑也开始看起来更加工业化。随着世界在20世纪变得更加富裕，建筑也开始到处都是利润。

工业革命引发了海啸般的转变，从工匠建筑转向大规模生产。新的材料和建筑方法的发展不可避免地影响了建筑的大小、形状和风格。新的炼铁、锻钢和加固混凝土的方式意味着建筑可以更高；用钢结构而不是承重砖墙来建造建筑的能力意味着你可以用玻璃覆盖整个外墙；电梯的发明意味着可以很容易地到达更高的楼层；电灯和空调的发明意味着人们不再那么需要靠近窗户，所以建筑可以建得更深。

AIR CONDITIONING

The Latest in Home Comforts

By R. M. Bolen

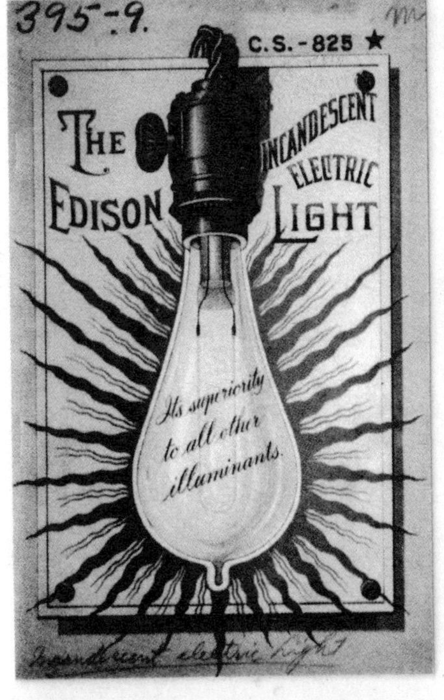

诸如新交通网络扩张之类的全球创新也发挥了一定作用。在建筑师兼教授亚当 · 夏尔（Adam Sharr）看来，横贯欧洲和北美的铁路“激发了人们的想象力”——包括著名画家克劳德 · 莫奈（Claude Monet），他在作

品《圣拉扎尔火车站》(*Gare Saint-Lazare*，1877 年）中描绘了巴黎的一个火车棚。公然展示技术实力和内部结构的实用主义风格似乎既未来又激动人心——埃菲尔铁塔（1889 年）就是一个绝佳的例证。

然后就是

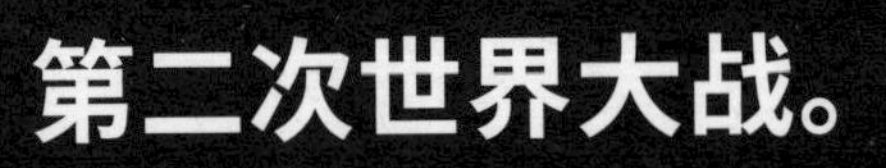
第二次世界大战。

英国有超过 100 万座房屋和公寓被毁，德国和日本也分别有 70% 和 19% 的房屋被毁。在战后的岁月里，不仅数百万人被炸得无家可归，“婴儿潮”也在悄然兴起，全球人口迅速增长。人们突然需要一种既便宜又容易建造的住房。但当时似乎没有足够的时间来一砖一瓦地精心建造房屋。迫于需求，人们不得不采用大规模生产和工业技术。这样一来，建筑就可以通过使用易于获得的预制材料，以不可思议的速度建成。

大多数人都不愿意重温旧日，也不希望自己的住房、医院、学校和办公室看起来像过去一样。过去是不受欢迎的，它的建筑风格亦是如此。

aus Sachsen für Berlin!
ALLE BAUEN MIT
AM NATIONALEN AUFBAUPROGRAMM

据建筑师克里斯托夫·梅克勒（Christoph Mäckler）说，在德国，“仅仅把两根柱子放在一起就被认为是法西斯主义”。他的父亲，建筑大师赫尔曼·梅克勒（Hermann Mäckler）是德国以现代主义进行战后重建的积极参与者，他曾提议：法兰克福大教堂应该有一个平屋顶。他的儿子曾说过，他那一代人是如此渴望创造崭新而“诚实”（honest）的城市，以至于他们忘记了宜居城市是“关乎美的，而美则与你正在建设的地方，与那里的历史息息相关”。

德国的战后重建工作十分疯狂，一年之内就建造了多达71.4万套公寓。在战争结束后的十五年间，仅在西德就建造了500多万套公寓。德国《明镜周刊》（*Der Spiegel*）对那段时期这样描述道：“任务似乎永无止境，金钱无处不在……然而，结果却并不令人印象深刻——大批量生产的建筑与它们所取代的战前建筑相比相形见绌。”许多新兴社区的设计灵感直接来源于勒·柯布西耶对理想城镇和市区的现代主义构想。“它们旨在提供‘清晰’而不是历史名城的‘混乱’。遗憾的是，干净整洁的新郊区和卫星城并没有带来更好的生活质量。相反，这种呆板乏味的环境让人感到孤独和无聊。事实上，许多搬到这些没有灵魂的贫民窟的人，很快就开始怀念他们此前城市中的那种熟悉而混乱的封闭环境。

这些新现代主义梦幻世界的狂热席卷了欧洲各地残破不堪的城镇和市区，以至于在轰炸废墟的重建建筑之外也采用了这种无聊的风格。在英国，成片的维多利亚时代、乔治亚时代和爱德华时代的房屋被草率地宣布为“贫民窟”并拆毁，而不是通过安装室内管道等设施进行现代化改造。这些战前建筑究竟做了什么才会落得如此的下场？正如建筑作家保罗·芬奇（Paul Finch）所指出的那样：“所谓的贫民窟，其问题并不在房子本身，而是在于房子里住了多少人。如果你把五十个人塞到乔治亚风格的排屋里，那它就是贫民窟。如果里面住的是四口之家，那它就是豪华别墅。”

即使不考虑那些将老建筑取而代之的新建筑的沉闷外观，许多新建筑在作为功能性住宅这一基本任务上也表现得并不令人满意。“毫无疑问，这造成了一些糟糕的技术后果，”保罗说，“例如，地方政府大楼发生的冷凝和发霉现象，就是因为某些人忘记了 20 世纪 40 年代末的研究成果。该研究发现，当引入严格的保温系统时，如果忽略了通风问题，那么这将为潮湿提供必然的条件。”

1950年，战后柏林正在建造的房屋

在20世纪下半叶，新的现代主义建筑风格席卷了欧洲以及世界其他地方。随着一个又一个十年过去，无聊像米色的雾气一样弥漫在各个大洲，咄咄逼人的虚无感让无数人窒息。无论哪里将要建造新的建筑，人们通常都会选择现代主义所谓的“国际风格”。古老的建筑、街道和社区被拆除，而这些远离城市中心和便利设施的高楼大厦、商业住宅区却拔地而起。

苏格兰偶像级喜剧演员比利·康诺利（Billy Connolly）经历了这场变革，并生动地描述了他在格拉斯哥的街道被拆毁时的感受。1956 年，他和家人被迫从市中心的公寓搬到了城市以西 8 公里处的新住宅区。

他回忆说："（数以万计的格拉斯哥人）被告知我们生活在贫民窟，我们必须离开。于是我们就去了乡下一个叫做德鲁姆扎佩尔（Drumchapel）的另一种贫民窟。现在我们都有了室内管路系统。可问题是，我们什么其他东西都没有。当他们把我们带到那里时，那里没有任何便利设施。把成千上万人搬到一个只有房子，而没有电影院、没有剧院、没有咖啡馆、没有商店、没有教堂、没有学校的住宅区是一种犯罪。搬到新房子是一件好事，但如果仅此而已就另当别论了。你的每天都只是'起床，上班，回家，睡觉'，周而复始，循环上演，这简直让人无法忍受，这是对我们要的卑鄙手段……即使在我还是个孩子的时候，我也知道咖啡馆、电影院和社区是健康生活的关键。如果一个地方没有这些东西，一种沉闷感就会降临，一种愤怒也会随之而生。如果你无法表达这种愤怒，你就会激烈地宣泄出来。那么建造这个勇敢新世界的是谁呢？是个住在乔治亚风格房屋里的城市规划者。”

但是康诺利和其他数以万计被迫搬迁的格拉斯哥人对此却无能为力。

未来已来。

而未来是无聊的。

比利·康诺利

这个

多伦多，加拿大

坦布里奇韦尔斯，英国

纽约，美国

变成了这个

全世界都非常重视金钱。1967 年，45% 的美国大学生认为“经济上富裕很重要”。到了 2004 年，这一比例已攀升至 74%。心理学家在 2015 年的一项调查中发现，金钱是造成美国人压力的主要原因。

但这不仅仅发生在西方。益普索（Ipsos）[①] 进行的一项重大全球调查发现，中国、南非、俄罗斯、印度、土耳其和韩国的国民最有可能认同他们“在成功和赚钱方面承受着巨大的压力”。同样，中国、印度、土耳其、巴西和韩国的国民“最有可能通过自己所拥有的东西来衡量自己的成功”。

当赚钱成为赋予事物价值的主要方式时，我们就会将之作为观察世界的视角和衡量世界的标尺。

在 21 世纪，我们如何评判一座建筑是否成功？

看它的建造成本是多少？

看它为业主赚取了多少租金？

还是看它卖掉后能赚多少钱？

---

① 全球领先的市场研究集团，于 1975 年创立于法国巴黎。——译者注

WASHINGTON

建筑是一座金矿。事实上，它们比金矿还要好。根据城市地理学家塞缪尔·斯坦因（Samuel Stein）的说法，全球建筑资产总价值高达217万亿美元，是“有史以来人类开采的所有黄金价值的36倍，它占世界资产的60%，而这些财富的绝大部分（大约75%）都是住宅”。

因此，建筑和金钱已经变得密不可分。想赚大钱的人都会购买土地，然后在上面建造东西。在世界各地，凡是金钱成为主导价值观的地方，我们都能看到建筑的兴起和蔓延，而这些建筑的成败主要取决于它们赚取了多少利润。

在我自己的国家，这种情况就非常明显地发生了。保罗·莫雷尔（Paul Morrell）是英国政府的第一位首席建筑顾问，他毕生都在主张，我们不应该通过利润这一标准来衡量建筑的成功与否。他告诉我，建筑无聊的问题“首当其冲的原因就是多数人并不知道建筑资产的价值所在而导致的，包括开发和建筑行业本身。如果这是一座办公楼，你希望人们能发挥聪明才智，不是吗？所以这才是你该关注的价值所在：什么样的建筑才能创造出最大的创造力？”

“如果是医院，被关注的应该是病人被治愈的数量；如果是监狱，被关注的应该是有多少囚犯重返社会并且不再重新犯罪。不管怎么说，被关注的焦点都不应该是‘我能用最少的钱在这块场地上堆砌多少平方米的建筑？’而应该是‘什么才有效？’”

现代主义之所以能在今天经久不衰，原因之一就是它与廉价完美兼容。对于那些丝毫不在乎在此生活之人所忍受的糟糕体验，而只看重经济价值的建筑制造商来说，这是一个理想的掩护。

“无聊之神”出现在瑞士钞票上。

双赢（双输）

可悲的是，无聊的建筑确实在短期内更有利可图，建造扁平、方正和可被复制的建筑无疑成本更低。多数房地产开发商都热衷于从他们的设计中剔除尽可能多的“不必要”成本，建筑行业将之称为“价值工程”。在这种思维模式下，人们往往看不到有趣且有创意的特征——比如门廊上的一条曲线、墙壁上的一些细节——只看到了不必要的费用，而这些费用可以被抹去以节省成本。

价值工程与现代主义崇拜合谋，为这些开发商提供了一个诱人的故事：他们平淡的建筑不是无聊的，而是“开明的”，展现了简约、微妙、低调和线条简洁等明显无可争辩的品质。因此，通过无情地剔除一切有趣的东西，房

地产开发商不仅变得更加富有，而且还能觉得自己在头脑上高人一等。这对他们来说是双赢的。(但对其他所有人来说却是双输的。)

下图是伦敦北部的一栋房子，它恰巧是歌手艾米 · 怀恩豪斯（Amy Winehouse）曾经住过的房子，就在我第一个工作室的拐角处。

让我们试试在此运用价值工程。

你更喜欢哪栋房子？最左边原本带有装饰细节的那栋房子？还是最右边的那栋？抑或是介于两者之间的那栋？

风险规避

造成无聊蔓延的另一个重要因素是，建筑设计师通常要在建筑建成后的几十年内对该建筑承担法律责任。因此，出于自身利益考虑，他们往往行事谨慎。例如，他们不会设计自己独特的窗户，而是选择专业制造商提供的标准“窗户系统”。这样一来，窗户本身的法律责任就从建筑师转移到了制造商身上。从墙壁到电梯，组成一座现代建筑的其他主要部件也是如此。它们很少是为项目专门设计的，而是由一系列标准的“（集成）系统”或“产品”组合在一起，进而形成建筑。因此，它们被设计得尽可能普遍适用于各种项目，这就意味着它们在外观上通常是枯燥乏味、千篇一律的。

使用这类产品和系统（如幕墙）的建筑往往可持续性较差。因为，就和其他大规模生产的消费品一样，它们很难维修。它们往往只能由原来的制造商更换或维修，而原来的制造商几乎不可避免地会在大约十年之后停止生产特定产品，甚至在二三十年后完全倒闭。

房地产经纪人

在塑造我们周围世界的过程中，房地产经纪人发挥着极其强大的作用，是他们告诉开发商哪些房子会被出租或出售。因此，开发商及其建筑设计师的真正“客户”往往不是那些将要购买并居住于这些公寓和住宅中的特定家庭（当然也不是我们这些被迫体验那些建筑外观的数百万人），而是那些将所有潜在客户集中在一起的房地产经纪人，并且由于全球房地产普遍短缺的原因，所以便成就了这样一个卖方市场——即使质量不高，但稀缺性也会使价值上升。这就是为什么受商业驱使而为新建筑买单的人，往往会把注意力集中在空间的内部。他们不必太在意外观，因为不管外观看起来有多么枯燥乏味，大多数房产终将还是会卖出去的。

如果我告诉一个房地产经纪人，他们应该更关心房子的外观，他们可能会说：“何必呢？我这里的每一套房子都可以卖掉。”这让我意识到一件很可怕的事情——花费时间和金钱来让外观变得更好显然没什么金钱诱惑。

设计与建造合同

在大型公共建筑项目的设计中，建筑师并非总是掌控全局。如今，客户越来越倾向于委托建筑公司来主管项目，实质上就是指定和主导建筑师。政府资助的项目通常就是这种情况，因为地方当局认为，通过限制建筑设计师的主导权等一系列因素，可以降低他们的财务风险。这些“设计与建造合同”对于客户来说似乎更容易管理，但往往无意中就会优考虑无足轻重的时间和金钱，而创意质量却几乎总会遭到影响。

签名

见证人

对效益的痴迷

建筑行业一直在谈论“效益”，这指的是你可以建造多少平方的建筑及其相关成本，与你能实际出售或出租给别人多少平方的建筑之间的差异。例如，在一个住房项目中，营销团队会说他们不能出售共用走廊，因此压力就在于尽可能地缩短和缩小走廊。

效益还意味着最大限度地扩大室内房间的大小，这就不可避免地会助长外部的方正感。土地是宝贵的，地块通常有笔直的边界，不允许越界或悬空建造。由于市政当局几乎总是会对建筑的高度做出限制，这使得开发商和建筑设计师有了将建筑宽度做到最大的动机，因此他们会尽可能地利用每一毫米的空间。这是可以理解的，但这也造成一种趋势，即一切都被最大限度地外扩，从而致使建筑外观显得扁平而方正。

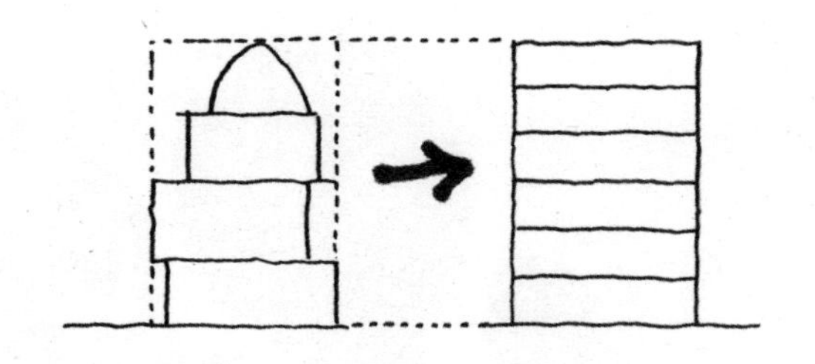

想象一下，在每个地块的边缘都有一个无形的、极其平整的“玻璃盒子”。如果你想获得最有效益的室内面积进行销售，你就必须向外压扁一切立体的构筑，直到建筑的表面尽可能平整地贴着那条看不见的“玻璃透明边线”。同样，从室内看，当窗户和窗框被尽可能地移向墙壁开口的外沿时，实际销售的空间才是最大的。这样做的结果就是，玻璃几乎与墙的外表面平齐。

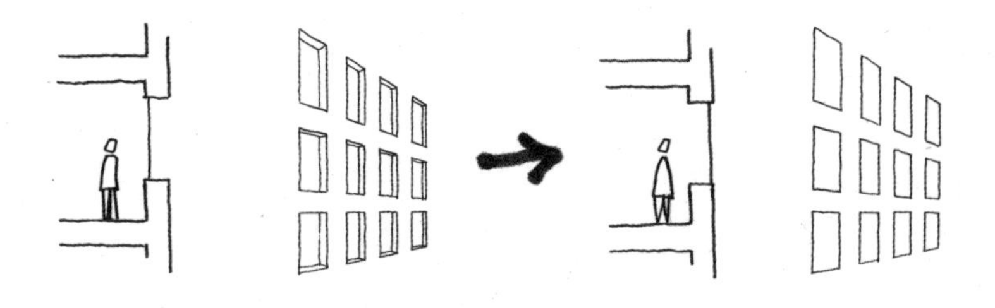

令人遗憾的是，对于那些身处城市街道上的人来说，当窗户不是平平整整地与建筑的外表面齐平时，才是最好看的。当窗户向内凹陷时，建筑整体的方正感被打破，立体感与光影效果的美也随之而生。

谁应该获胜呢？是从内部看到这座新建筑的少数人？还是从外面看到它的数百万人？这就像是建筑的内部和外部之间的一场拔河比赛，自私的金钱势力可能是内部的赢家，而公众则是外部的输家。

正如我们之前所了解到的，维特鲁威曾写下了著名的“建筑应该兼具坚固性、实用性和美观性”。几个世纪以来，我们建造的建筑确实坚固、实用、美观。但如今，那种美观基本上已经消失了，一个现代的维特鲁威还将谈论建筑的哪些优点呢？

或许不是美观，而是“效益”。效益高才是当今世界各地新建筑的普遍特征。它们的最高价值不在于那些每天都会看到和使用它们的人，而在于那些从中赚钱的人。

为什么世界上如此多的新建筑看起来都像是贪婪的产物？因为在我们的资本主义世界里，最终的客户不是公众。

规章制度

许多现代建筑看起来不仅仅像金钱的产物，它们还像法规和规范的产物。显然，我们确实需要规章制度来确保建筑安全、合适，并防止其倒塌。即便如此，规章制度也不应妨碍建筑给人们带来快乐。但是，从电灯开关的位置到屋顶的倾斜度，这一大堆令人眼花缭乱的规则可以决定一切，而建筑设计师们却不得不面对它们。

建筑师利亚姆 · 罗斯（Diam Ross）和托卢洛普 · 奥纳博鲁（Tolulope Onabolu）研究了法规和规范条文对建筑设计的影响。他们分析的一项规定是英国标准：8213-1:2004，窗、门和天窗，《窗户清洁（包括门窗和天窗）和使用时安全性的设计》实用规程。

“该标准建议，64~75岁年龄段的女性应能在不使用梯子或清洁设备并且不拉伸肢体的情况下，从窗户内部对窗户进行维护。此外，该标准还建议，窗户的尺寸应限制在头顶触及高度为1 825毫米，而伸手到窗外时的外部触及距离为556毫米。”

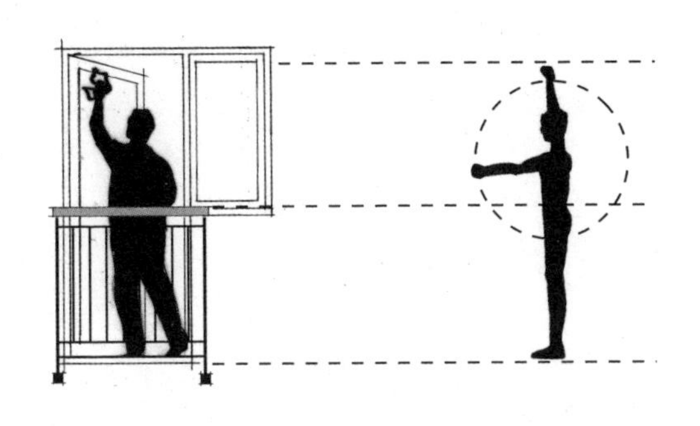

他们发现，这项单一的规定对他们在爱丁堡考察的建筑产生了“深远的影响”，在那里，这一规定导致小而难看的窗户大行其道——许多窗户都带有扁平、钢制、监狱栏杆式的“朱丽叶”阳台，以防住户坠落。罗斯和奥纳博鲁得出的结论是：大多数英国建筑师认为建筑受到了过度监管，扼杀了创新和创造力，导致了标准化和单调的设计，而且许多当代建筑就像用砖块和砂浆堆砌而成的法规条款。

规划者

至少从 20 世纪 50 年代开始，许多城市规划者就陷入了现代主义的思维模式。他们鼓励并批准了成千上万个非人本化的项目，并合谋拆毁了许多地区的有趣建筑。但规划者并非总是站在无聊的一方。我遇到过一些自身也感到特别沮丧的规划者，他们甚至对我说：“为什么设计师总是给我们这些垃圾？”在伦敦卡姆登区规划者的干预下，

我的一个大型项目变得更加有趣了。位于伦敦国王十字车站的“卸煤场”（Coal Drops Yard）是一个购物区，由两座曾用于储存约克郡煤炭的维多利亚式仓库改造而成。我们选择重建现有的屋顶，用蜿蜒的曲线将两座仓库连为一体。但当我们向卡姆登的规划者展示我们的设计时，他们拒绝了。

他们说："你们没有意识到这是两座独立的建筑。"会议结束时，我们安慰自己说："是他们目光短浅。"但后来我停下来问自己和我的团队："如果他们说的有道理呢？"然后我们重新设计了一个新方案，这个方案没有将两座建筑完全融合在一起，而是将它们保持独立，让它们探伸出来，看起来像是在空

中亲吻。如果没有卡姆登的规划者，这个项目落成后就不会这么振奋人心了。当然，世界上不同的地方有不同的规划者，也有不同的规划制度和文化。不过，一般来说，大多数建筑设计师都将规划体系视为他们必须跨越的一道恼人障碍。但是我们忘记了，无论我们身在何处，这个体系都应该代表公众的声音。一个人本化的规划体系会理解并捍卫普通路人的感受。

室内设计有何不同？

这是本关于建筑外观的书，但观察一个在上个世纪兴起的新职业的发展也很有意思，这一职业的产生恰恰是对那些无法再调动用户情感的建筑的补救。曾经，建筑师会为设计出精美的、浑然一体的室内空间而自豪。像弗兰克·劳埃德·赖特和查尔斯·雷尼·麦金托什（Charles Rennie Mackintosh）这样的建筑设计师创造出了充满视觉复杂性和愉悦感的室内空间。

然而，当今的建筑设计师必须十分关注建筑内部的可销售面积，这导致他们在很大程度上失去了思考的能力——思考他们所创造的房间细节将如何影响人们的感受。当他们做出尝试时，结果往往也是敷衍了事。在永无止境地追求视觉简洁的驱使下，他们往往会把房间设计得过于平淡。建筑设计师已经在不知不觉中放弃了对建筑内部的理解，以至于他们不再知道如何为建筑注入情绪和感受。

因此，掌握情绪和感受的任务越来越多地被室内设计师和艺术家们接管。

当我第一次受委托设计一座酒店大楼时，我深刻地体会到了这一点。当我的客户问我希望与哪位室内设计师合作进行室内设计时，我暗示说我自己的工作室也可以胜任，但客户立即打断了我的话，并告诉我："建筑师不懂情绪和感受。"这番话说得如此露骨，着实令人震惊。尽管我自己不是注册建筑师，尽管我本能地知道他说的是真的，但我还是觉得自己所从事的职业受到了冒犯。我雇用了200多名员工，其中许多人都是建筑师；这几乎就像是一个陌生人侮辱了我的家人。我还记得，在我回到位于伦敦的团队后，我让大家坐下来，并告诉他们这必须成为我们自己的挑战——理解情绪和感受，无论是在建筑的内部还是外部。我们必须学会如何调动我们设计的受众的情绪，而不仅仅是思想。

令人遗憾的是，如果你想在大多数现代建筑中看到以人为本的设计，就必须走进它们的内部。如今，你能找到的一些最有趣、最能满足情感需求的地方就是餐厅和酒店的内部。这是因为，这些场所的最终客户不是开发商或代理商，而是那些如果感觉不好就不会光顾的公众。

接下来几页所展示的室内设计简直令人叹为观止：它们的设计目的就是让人在漫步其中时受到强烈的冲击。

它们把情感作为主要功能。

它们是足够人本的地方。它们为我们如何使建筑的外部人本化提供了宝贵的经验。

米格尔·巴塞洛（Miquel Barceló），联合国人权和文明联盟厅（UN Human Rights & Alliance of Civilizations Room）天花板装饰，日内瓦

草间弥生（Yayoi Kusama），路易威登草间弥生概念店，伦敦

阿什利·萨顿（Ashley Sutton），铁仙子酒吧，香港

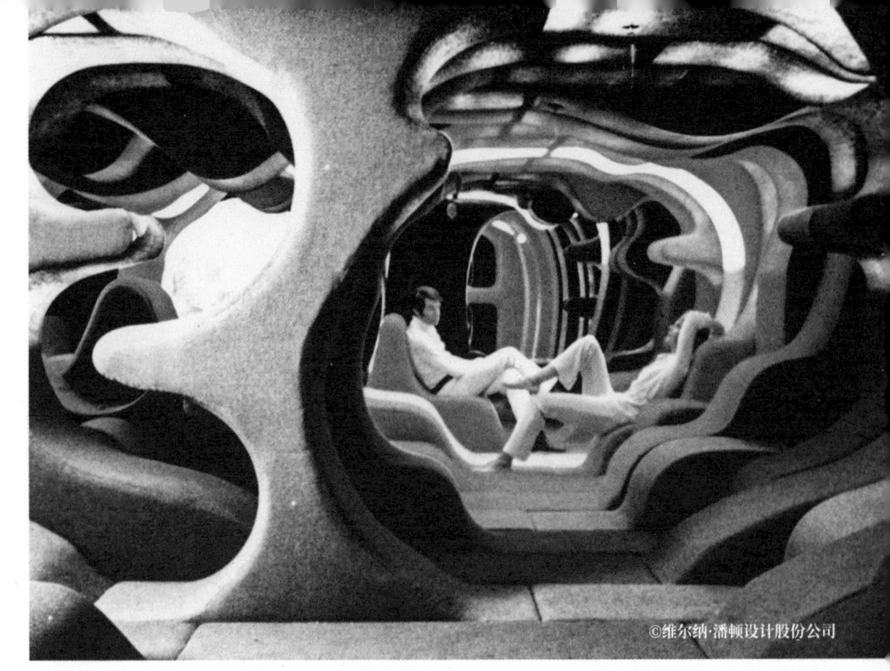

维尔纳·潘顿（Verner Panton），“视觉二号”（Visiona 2）展览上的《幻想风景》（*Fantasy Landscape*）景观装置，科隆

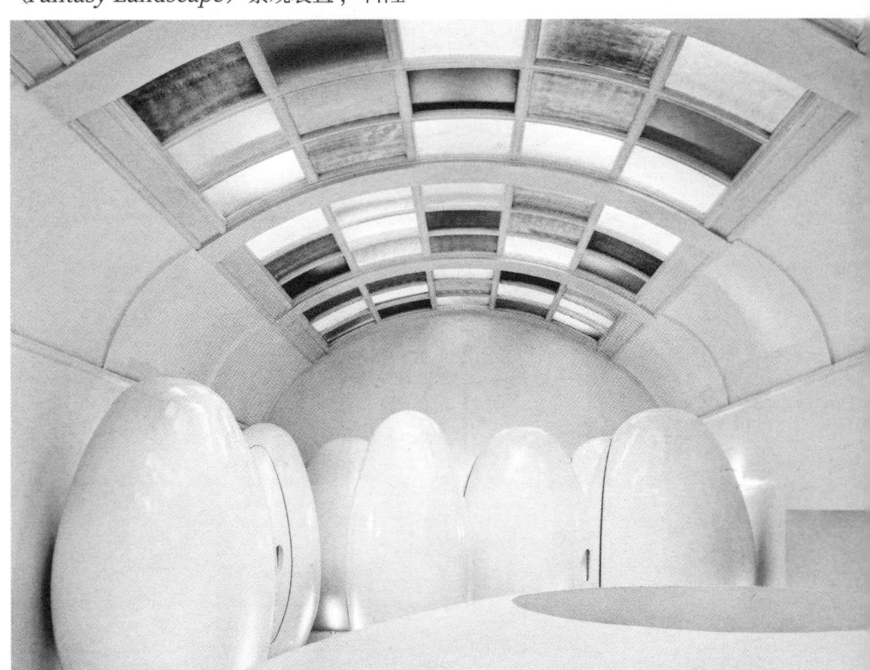

穆拉德·马祖兹（Mourad Mazouz）和挪亚·杜乔福-劳伦斯（Noé Duchaufour-Lawrance），斯凯奇（Sketch）餐厅的卫生间，伦敦

那么，我们能做些什么来解决“无聊”这一全球性的灾难呢？

我曾经和英国政府的一位高级医疗顾问讨论过建设更好医院的必要性。

她告诉我：“如果你想打造更好的医院环境，就必须创造出患者影响力（patient pull）。”

患者影响力？

这是一个如此有力的表达。她告诉我，只有当患者作为一个群体提出期望和要求时，政客们才会作出回应。保罗·莫雷尔（Paul Morrell）也跟我说过类似的话：“政客们首先想到的是，‘这能以什么方式转化为选票？’”不得不说，如果你让政客们在一家能启用的医院和两家启用不了的医院之间做出选择，他们一定会建两家启用不了的医院，因为这样才能赢得选票：增加床位，而不是治愈病人——增加数量（很容易衡量），而不是质量（不容易衡量）。

残酷的事实是，无聊建筑的责任并不止于建筑师。无论他们是否对用户的情绪敏感，他们往往都是金钱、官僚主义和政府这一强大体系下的受害者。即使他们想要建造更为有趣的建筑，也往往会受到阻碍，因为社会一直选择将价值同成本和效益挂钩。

除非无聊的建筑让政客和议员成为选票的输家，除非我们坚持向规划者和开发商要求建造更好的建筑，供我们来生活、工作、学习和疗愈，否则无聊的灾难将继续征服世界。

这意味着社会必需变革。

我们必须认识到，
非人本化的建筑对人类和我们的星球
都是灾难。

我们必须停止
通过金钱的视角和标准来看待和衡量
这个世界的价值。

我们必须愤怒。

我们责无旁贷。

一场使我们的世界重新人本化的新行动
必须开始。

第三部分

如何
让世界
重新
人本化

改变我们的思维方式

改变我们的思维方式

一个真正理性的人类世界看起来绝不会像个高效、创利、完美的机器。

这是一个通过不可思议的差异性、流动性、历史性和独特性来呈现我们身为一个物种的本质的世界。

这是一个乐趣无穷、多姿多彩的世界。

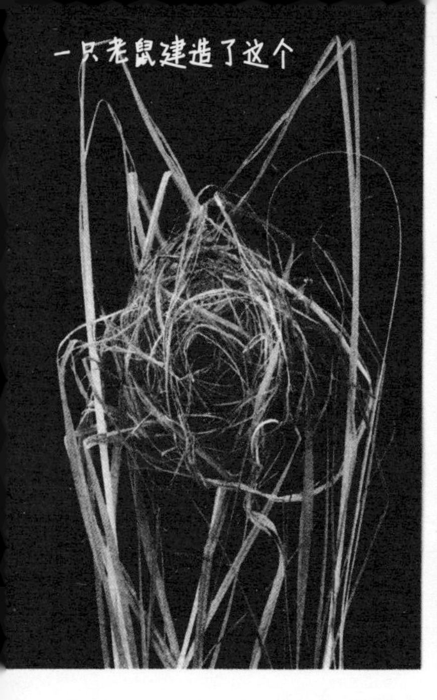
一只老鼠建造了这个

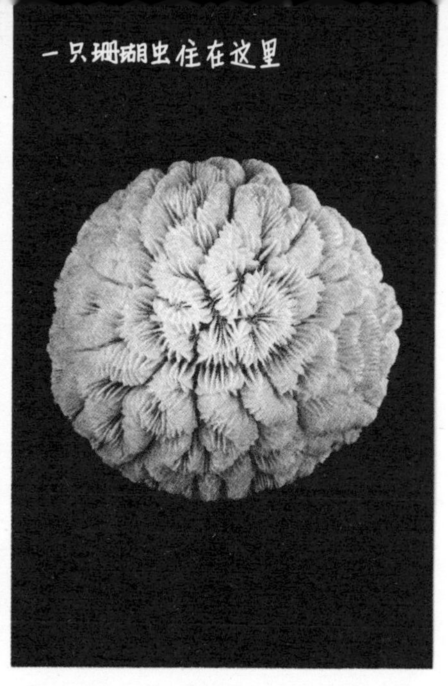
一只珊瑚虫住在这里

你 曾 见 过 动 物 住 在 设 计 无 聊 的

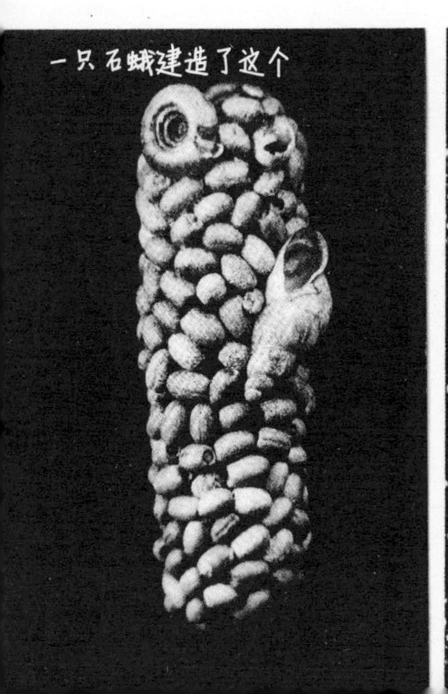
一只石蛾建造了这个

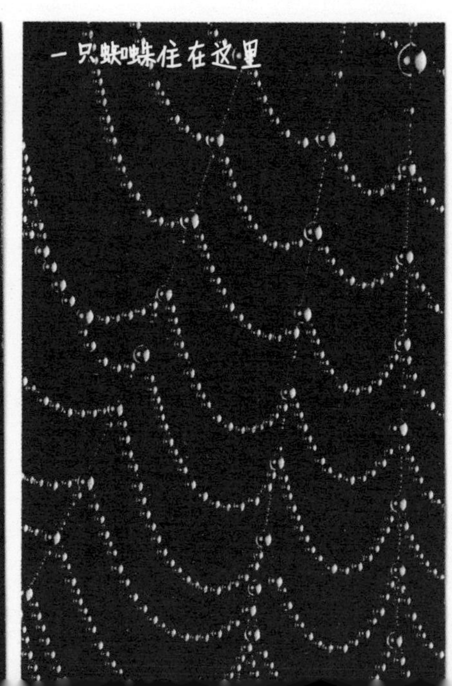
一只蜘蛛住在这里

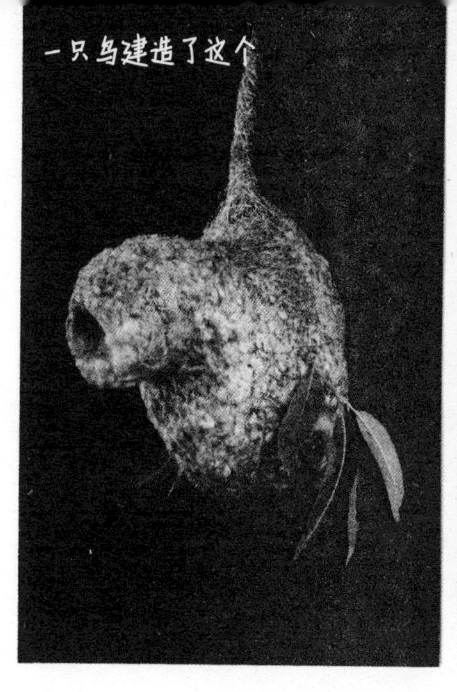

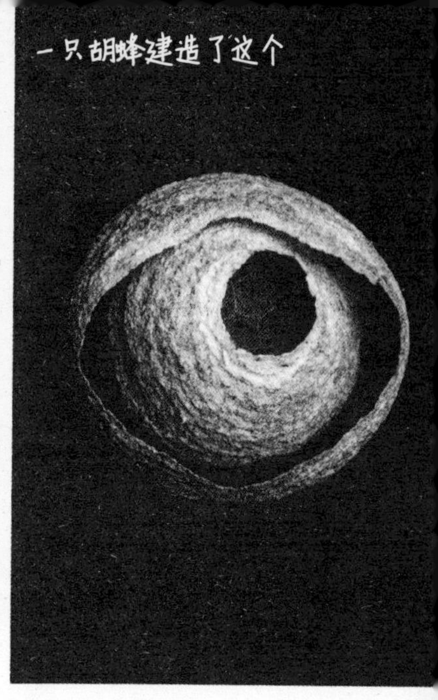

“房子”里吗？

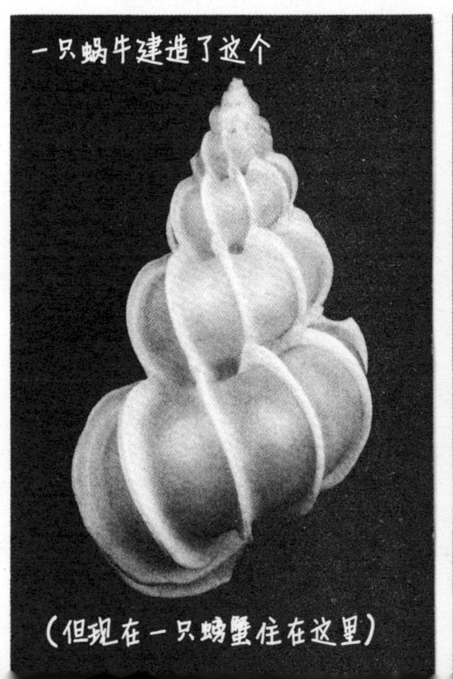

一只蜗牛建造了这个
（但现在一只螃蟹住在这里）

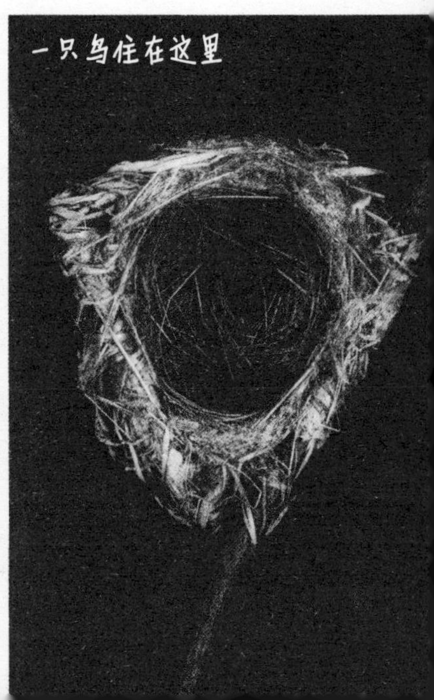

猫头鹰、白蚁、獾或牡蛎会生活在一个缺乏视觉复杂性的巢穴中吗?

至少在 100 年前，我们人类也没有。

我并不是建议我们建造的每一座新建筑都要成为米拉之家或海洋大厦。我也不希望看到一条条街道上排列着的都是菠萝、冰淇淋甜筒或眼球形状的房屋。

我的建议要简单、质朴得多：所有面向公众的新建筑都应该是有趣的。

当我们每天经过它们时，我们应该有所感触，而不是一无所获。

我想提出一个简单的规则……

人本

一座建筑应该能够
吸引你的

化 规则

在你经过它时
注意力。

尽管这条规则听起来很质朴，但如今全世界的建筑设计师都在违背它。

要扭转这种全球性的“无聊瘟疫”，就必须在思维方式上进行彻底地转变。

我没有兴趣告诉人们建筑应该是什么样子的，即便我说了，也不会有人听。

我只是在强调，应该有足够的趣味性来吸引过路人，让他们在短时间内有所体验。我并不想用一种审美崇拜来取代另一种审美崇拜。

我们需要的不是更多的循规蹈矩，而是更多的创造力。

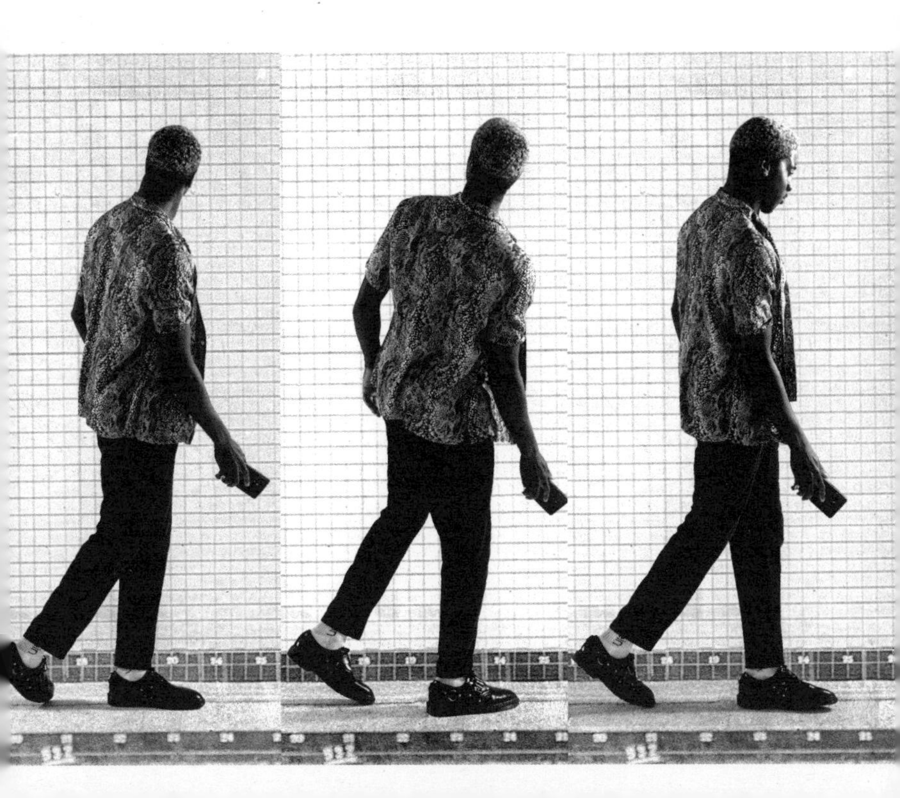

如果你足够细心的话，可能已经注意到，这条规则并没有明确说明经过建筑的人是如何出行的。他们可能是步行，在这种情况下，他们将会更多地受到建筑近景的影响。但他们也可能是骑着自行车、开着汽车或者坐着公共汽车经过，对于这些人来说，建筑仍然需要让他们在匆匆掠过其精美细节时依然感到有趣。

当我说“经过”时，我指的是整个经过过程的感受和体验。无论我们如何出行，我们对建筑的体验都不会只有一次。购物中心和公寓楼不会像幽灵列车上的鬼魂一样，突然出现在我们面前。首先，我们会从远处看到它们，并以某种方式体验它们。然后，在穿过街道，向它们走近时，我们会以另一种方式体验它们。当我们临近它们，站在它们旁边时，我们又将会以不同的方式再次看到它们。

一座建筑如果不能从这三个距离吸引一个人的兴趣，那它就有问题了。

它应该像一个分形一样展开，你越靠近它，它就越能展现出更多内容和细节。

人本化

规则

一座建筑应该能够在你经过它的时候吸引你的注意力。

为了通过这一规则的测试，建筑必须在三个距离上都能引起人们的兴趣：

1. 城市视距
（City distance）
40 米以上

2. 街道视距
（Street distance）
约 20 米

3. 门前视距
（Door distance）
约 2 米

城市

街道

门前

完整插图说明见第494页

城市

趣味感知距离
40米

当我们站在大约 40 米远的地方时，即使是一座极其庞大的建筑，通常也可以一览无余地看到其整体。我们不需要上下左右移动视线就能“掌握”这座建筑，它完全就在我们的视野之中。我们会注意到它的整体形状和颜色，以及它在三维空间中所具有的凹凸变化。当我们以这种方式体验一座建筑时，就像在看一个完整的物体——比如一尊雕塑或一件珠宝。并且就如同雕塑或珠宝一样，远处那座建筑也能让我们有所触动。

阿尔文法院（Alwyn Court），纽约，
哈德肖特建筑事务所（Harde & Short），1909 年

街道

门前

街道

趣味感知距离

20米

当你从街对面看到一座建筑时，在不转动头部的情况下，你可能很难将整座建筑的构造尽收眼底。就算尽力尝试转动头部，你可能依然看不到它的屋顶。但是，随着距离的拉近，这座建筑的细节会逐渐显现出来。如果它是一座足够人本化的建筑，那么它表面的图案就很可能会展现出复杂性和趣味性。你会开始更多地注意到它的立体感、纹理和特色。它也可能以更真挚、更热情的方式向你宣告自己的用途，而不仅仅是简单地在窗户上方贴一个标志或在门边放一个招牌。它应该有足够的视觉趣味来激发你的好奇心，让你希望再看一遍。

约翰 - 路易斯百货（John Lewis），利兹，
ACME 建筑事务所（ACME Architects），2016 年

城市

街道

门前

门前

趣味感知距离

2米

门前视距是建筑的用料、细节和工艺真正触动你的地方，它们的存在或缺失都会给你带来冲击。当近距离观察一座建筑时，我有时会想起学生时代在大英博物馆画画时的情景。在我拿着铅笔和素描本面朝埃及椅子之类的物体坐下之前，我会先确定我所看到的东西足够复杂，值得一画。一个真正具有复杂性的物体能够回报你的关注，你看得越多，它就会向你展现越多的层次和图案，同时你也会逐渐发现关于这件物体的制造者、使用者以及它所处的时代和文化。建筑也是如此，伟大的建筑是值得你花费心思去近距离临摹和体验的，而无聊的建筑则不然。

“克勒肯韦尔巷 15 号”（15 Clerkenwell Close），伦敦，
阿明 · 塔哈（Amin Taha）于 Groupwork 建筑事务所，2017 年

城市

街道

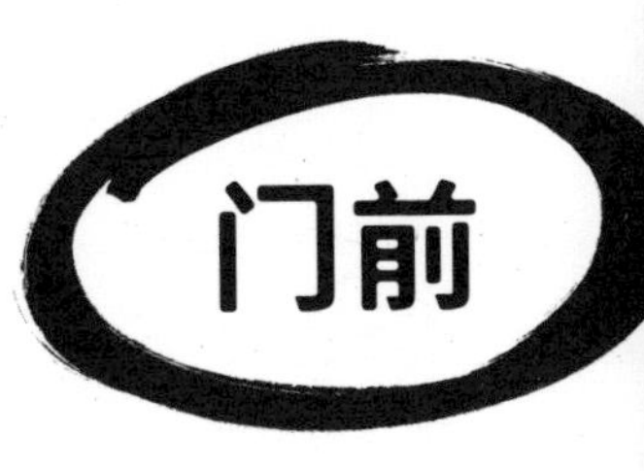

门前

由 WOHA 建筑事务所设计的新加坡皮克林宾乐雅臻选酒店（Parkroyal Collection hotel），就是一个从这三个视距来看都表现出色的经典案例。在周围的城区中，当人们从街角和高架人行道上瞥见这座建筑时，会看到它的全貌：一系列深色的玻璃砖矗立在勒·柯布西耶风格的细柱上，这些柱子本身很无聊，但它们之间却悬挂着一系列巨

大的高架悬空热带垂直花园。每个玻璃块体之间的纵深平台上都种植着高大的树木和成排的植物，这些植物的藤蔓从空中垂下。这些不寻常的悬垂爬藤植物似乎恰到好处地给重复的建筑结构赋予了必要的视觉复杂性，并为这座建筑营造出了一种强烈的地方感。

PARKROYAL
COMFORT

早在 20 世纪 60 年代，时任新加坡总理李光耀就宣布要用绿植来平衡新加坡的城市环境，并开始将新加坡打造成“花园城市”。如今，在新加坡的超现代化大厦的楼顶或者高楼层的镂空部分看到花园已司空见惯，但很少有建筑能做到像这座建筑一样成功而又引人注目的。

走近街道视角，你会发现这座建筑的大部分亮点都集中在较低的楼层。在人行路的另一侧，你的视线会被向上吸引，然后沿着街道，随着像士兵一样排列的柱子延伸，而这些柱子也为所有这些奢华且茂盛的绿化带来了节奏和韵律。你还会注意到，抬高酒店客房区楼体下方的纵深区域并非由直线构成，而是由不同色调的带状物构成，它们以不可预知的曲线凹凸起伏，明暗变换、光影交映，营造出了一种神奇的效果：让人觉得自己仿佛正在凝视一个被海洋潮汐冲刷数千年而面目全非的古老崖壁。

就像分形图一样，越靠近酒店，就可以发现越多有趣的细节。一处水景以两种不同的高度贯穿了整个建筑，水面下是一层平整的深色鹅卵石，给人一种类似于日式庭园的平静、沉思的感觉。树木沿着这个河流般的结构重复排列着，在水路旁有一条特殊的人行道，由不同颜色的廉价铺路材料铺成，其边缘进进出出，变化莫测。与此同时，玻璃屋顶可以遮风挡雨、遮阳避暑。而在玻璃屋顶之上，上层楼板的基座清晰可见，并且你会发现起伏的带状物有着意想不到的深槽，这不仅为光影提供了另一个发挥的空间，同时也为这座建筑增添了更多趣味。

参观之后我了解到，是新加坡的规划者与建筑师密切合作，才使得这座建筑与众不同。这座酒店慷慨地将奢华体验带给每一个过路人，而不仅仅是入住的顾客。这座建筑非常关心自己在城市中所占的空间，并热切地希望与每一个遇到它的人分享其神奇之处，无论是近距离还是远距离，不管是步行还是乘坐公共汽车。这与我在旅程开始时路过的温哥华港湾品纳寇酒店恰恰相反，后者什么（体验）都没有带来。

但是，并不需要数千万美元和豪华酒店的顾客，就能建造出从三个视距来看都很有趣的建筑。在伦敦郊区繁忙的北环路（North Circular Road）旁，有一个已经建成的社会住房项目，其成功不亚于新加坡皮克林宾乐雅臻选酒店。该项目名为埃奇伍德住宅区（Edgewood Mews），由彼得·巴伯建筑事务所（Peter Barber Architects）设计，受大伦敦市政府委托建造。这是一个由 97 户住宅组成的密集建筑群，从远处看就像一座中世纪城堡的城墙。这与其所处的地理位置相得益彰，就好像它在坚定地保护着自己的居民，免受旁边嘈杂而又充满敌意的道路侵扰。

但是，它的轮廓并没有简单地建成最基本的方盒子形状，而是以一种充满戏剧性和趣味性的方式上下错落，即使从远处看，也能让人感受到这个新建住宅区为世界提供的不仅仅是最低保障的东西。

随着你走近街道视角，埃奇伍德住宅区就变得更加有趣了。你会发现，人们就住在这些城垛墙里面。墙的两端并不是方方正正、毫无特色的建筑，而是屋顶轮廓线与众不同的圆形塔楼。超大的阳台像吊桥一样从房间中伸出来。这个建筑群实际上是由两堵连续的“墙”组成，而中间是一条蜿蜒的小路，小路的宽度恰到好处，既不会窄到让人觉得阴森恐怖，也不会宽到让人感到疏远。小路呈弧形，可以引起你的好奇，吸引你去探索，而且小路是用深色的砖块而不是沥青铺设而成的，这意味着这里更适合人的脚而不是汽车的轮胎。你可以看到这条小路作为社交空间的成功之处，因为在我参观时，尽管这个住宅区仍有一部分还在建设，但孩子们已经在户外开心地玩耍了。

从门前视角望去，埃奇伍德住宅区仍有新的发现。在底层，一系列高大且令人惊叹的拱门——近乎高迪式的——创造了惊喜和韵律。住宅区外墙的砖块看起来十分古老，就像回收来的一样，尽管它们可能并非如此。窗户也各式各样，设计得十分有趣。有些窗户从墙壁上凸出来，有些则是一条狭缝，就像中世纪城堡上弓箭手的射箭孔。门和窗户并不对齐，而是形成了一个富有活力的造型，看起来几乎像是一个跳动的乐谱。通往各家各户的台阶曲折扭转，所以即使你只是走到自己家的前门，也会感觉像在进行一场小型冒险。

在埃德伍德住宅区的建设过程中也曾面临着巨大的成本压力，但它依然深刻地展现出了深厚的人本主义关怀。

新建筑上好玩的砖块，
好像被修补过一样

楼梯上别致的墙壁看似
不起眼，但却是孩子们
钻来钻去的好地方

如果我们有所期望，我们可以
从以下三个方面转变我们的思想，
以使我们的建筑遵循

人本化

规则：

A

认同

使用者对建筑的感受

是

其功能中

至关重要的部分。

B

在设计建筑时
希望并期待
它们可以使用
1000 年。

C

将
建筑的趣味性
集中于
2 米处的
门前视距。

情感是一种功能

现代主义者主张“形式追随功能”，这意味着建筑的外观应该与其内部的功能相符。如果建筑的外观与其功能不符，那它就是不诚实的、令人惭愧的，甚至是荒谬的。他们的论点中没有将人类的情感视为一种极其重要的功能。人类是被强大的情感所驱动的，并且这种情感会即时且自发地产生。我们经过的每一座建筑都会激发我们的情感，就最基本的来说，建筑可能让我们感受良好，也可能让我们感受糟糕，它可能会吸引我们，也可能让我们感到厌恶。无论住宅、办公室、商店或医院的内部功能多么优秀，如果它的外部使其居民、工人、顾客或病人感到厌恶，那它就是失败的。

建筑的基础功能之一是它能激发每个体验者的情感。设计师应该更习惯于设身处地地为其所建建筑将面向的两类使用者着想。这意味着除了住户的感受，还要考虑到过路人的感受。

中世纪大教堂的建造者（以及建造朗香教堂的勒·柯布西耶）是了解建筑如何激发强烈情感的天才。当你走进大教堂时，你会立刻被黑暗、凉爽以及石雕周围的回声所震撼。你会压低声音，抬头望向壮观的拱顶和天花板。你的呼吸会放缓，感觉会更加平静，更加深沉。这座建筑深深地影响着你的感受，即使设计师们已经去世了几个世纪，但他们的设计决策仍然能够触动并影响人们。他们知道，情感是建筑的一项至关重要的功能。

最优秀的设计师都把情感作为一种工具。法国设计师菲利普·斯塔克（Philippe Starck）可能是将情感运用到椅子、门把手以及他标志性的柠檬榨汁机等物品中的王者，这些都是普通的日常用品，但在斯塔克的手中却能让我们有所触动。

同样，技术专家、苹果公司联合创始人史蒂夫·乔布斯（Steve Jobs）对情感也有着与生俱来的理解，他认为情感可以被设计影响和挑逗。在创业之初，他本能地知道公众会认为电脑过于复杂、令人望而却步、缺乏人情味。他的天才之处在于，他通过让电子产品更加人本化，从而改变我们对电子产品的看法。乔布斯年轻时曾学习过书法，“我学会了衬线字体和无衬线字体，”他说，“学会了改变不同字母组合之间的间距，学会了是什么造就了伟大的字体排版。它是美丽的、历史的、艺术的，是科学无法捕捉的，我发现它很迷人……十年后，当我们设计第一台麦金塔（Macintosh）电脑时，这一切又回到了我的脑海中。我们把这一切都设计进了苹果电脑。这是第一台拥有精美字体排版的电脑。”

顾客对苹果产品的感受让乔布斯感到痴迷，并且他把这种痴迷延伸到了门店的设计，甚至到产品的包装。在苹果公司总部一间极其安全的房间里，摆放着数以百计的包装原型，苹果公司聘请了专家对它们进行测试和改进，确保它们能够精准地激发人们的青睐、迫不及待和兴奋之情。乔布斯曾经说过：“包装就像一座剧场，它能够制造故事。”

苹果产品在技术创新或纯粹的性能方面并非总能击败竞争对手。但是，他们通过将情感视为主要功能，从而不断取得胜利。这使得苹果公司的市值达到了2万亿美元。

乔布斯推动苹果走向成功的秘诀在于，他努力通过顾客的眼睛看世界，并想方设法让他们感受良好。在他看来，购买他产品的人并不愚蠢无知，而是可以相信的——相信他们会对美丽和精致做出积极的反应。

建筑设计师应该从史蒂夫·乔布斯对公众的信赖中得到启发。我们应该停止那种认为公众是无知和错误的无稽之谈。他们绝不是这样的。深受公众喜爱的建筑很少被拆毁。未来哪些建筑会被拆除，哪些建筑会被保护，最终还是取决于公众。因此，公众应该成为建筑设计师的缪斯，激发他们的灵感，让他们着迷。建筑师最重要的受众应该是公众，而非其他建筑师。

千年思维

我们应该对一个建筑设计师用千年思维去建造世界保有坚持。

新建筑的设计必须能够经受得起风吹日晒，能够适应地面的自然运动，并且在磨损和变脏后能够很容易地修复和再利用。以这种思维方式设计的建筑可能并非真的能够使用 1000 年，但它们更有可能受到普通路人喜爱，从而抵御未来要求拆除它们的呼声。

我们拆除的建筑往往不仅无聊，而且只为一种用途而设计。例如，现代住宅区的天花板往往设置在允许范围内的最低高度，以便将更多的公寓堆叠在一起，从而使开发商和土地所有者的利润最大化。这意味着，如果住宅用途不再适合该建筑，就很难再以其他方式用于其他用途。如果在建造时就考虑到这些建筑将在未来 1000 年内持续使用和再利用，那么像天花板高度这样的特征就会被设计得更高，因为这样才有可能在未来被重新利用。

↖ 伦敦塔（TOWER OF LONDON）将在本世纪迎来它的1000岁生日，它曾经是监狱、铸币厂、皇家珠宝存放地、艺术装置场地，甚至是动物园。

建筑设计师应该始终假定，他们对自己建筑的最终用途的设想存在着一定偏差。这并不意味着他们的建筑应该具备无限的灵活性，有可移动的墙壁和毫无特色的审美，而是要带着足够的包容性进行设计，使人们在未来的几代人里都能满怀热情，重新构想并重新利用这些建筑。事实上，许多人认为，劲头十足地改造一些古老而有趣的东西，比从头开始创造新东西更有趣。我自己的工作室就曾将南非的一个粮食筒仓改造成了博物馆；将英国的一家造纸厂改造成了杜松子酒厂；将伦敦的两座仓库改造成了购物中心。

粮食筒仓

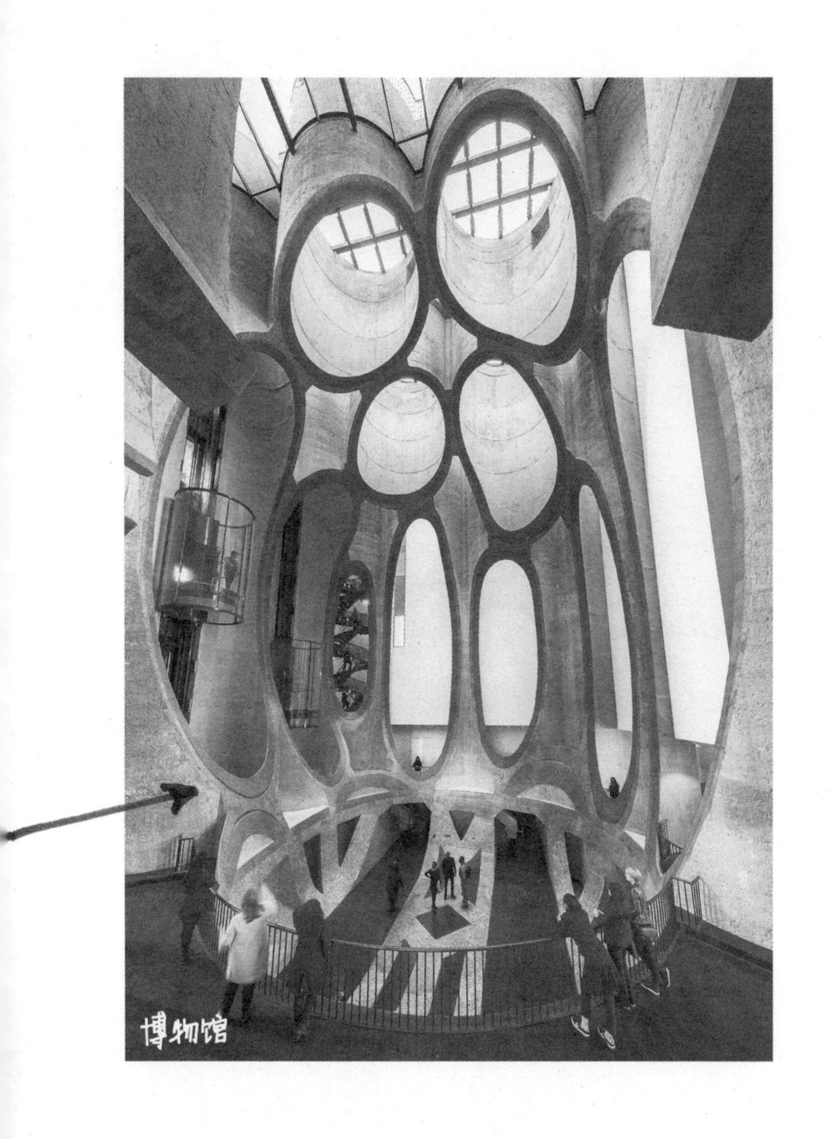

千年建筑是指那些可以改造的建筑。

千年建筑是指那些大多数人不希望拆除的建筑。

千年思维在日本这样的文化中有着悠久且耐人寻味的历史。他们有着诸如金缮（kintsugi）这样的美学传统，即用金子来修补陶器上的裂缝。

它颂扬衰颓、粗糙和不完美。当对一件物品的修补凸显了它的损伤，并使其看起来与众不同甚至更有趣时，这就是千年思维。

当我的工作室接受设计伦敦新巴士的挑战时，我们也采用了类似的方法来设计座椅。我们知道，座椅面料必须经得起成千上万的后背、臀部和脏手的磨损。所以我们没有选择单一的颜色，而是设计了一种图案。根据我们的研究，这种图案最能经受住磨损和污垢的考验。这种“脏了也好看”的设计理念早已深入我们工作室的文化，并将继续影响我们的工作。

优先考虑门前视距

门前视距是三个视距中最重要的一个，因为它对过路人的情感影响最大。人类对任何建筑的体验都会集中在门前的视距上。作为公众，我们大部分时间都是在地面上度过的，我们四处走动，以平视的方式体验这个世界。我们不是在直升机上俯瞰，就像人们常常低着头往下看建筑模型一样。

即使新建建筑在城市和街道的视距上取得了成功，但几乎所有建筑在门前视距上都会失败。伦敦有几座著名的现代大厦，从城市视距来看非常漂亮，但近距离看却差很多。当你走到它们旁边时，就会发现它们的无聊。建筑设计师应该在门前视距上完成他们最有趣、最有创意的工作，因为建筑将在这个视距产生最大的影响。建筑设计师们应该不断想象人们年复一年、日复一日地从他们的建筑旁走过时的情感体验。

每走一步，他们的建筑又将给你带来怎样的感受？

部分插图说明见第494页

OCCIDENTAL POWER
SOLAR, WIND, & COGENERATION
WWW.OXYPOWER.COM - 888.49.SOLAR
59 83

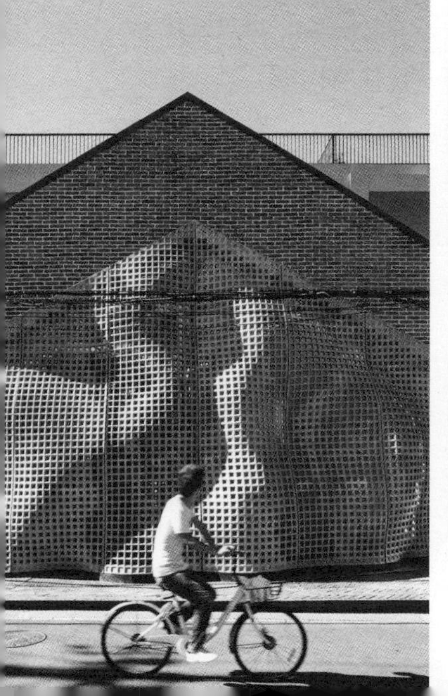

（保持冷静，优先考虑门前视距）

随着现代建筑变得越来越宽，优先考虑门前视距比以往任何时候都更加重要。

从历史上看，当人类的活动场所得以自然发展时，它们都是以人为本、充满趣味的。巴塞罗那和巴黎等城市的老城区的街道吸引了数以百万计的游客，因为这些街道在三个视距上都充满了有趣的人本化细节——尤其是从门前视距来看。这些地方往往更注重垂直方向，因为过去的建筑用地较窄。相邻的狭窄地块总是能让街道更有趣，视觉上更多样，因为在给定的街道长度内，人们有更多机会建造不同的建筑。相反，那些让人觉得最无聊的街道，它们很可能是那些拥有最宽的建筑地块和临街面的街道。这些宽大建筑的问题在于，人类需要在经过时看到不断变化的细节。这些巨大的建筑之所以被不断建造出来，是因为建筑师经常被要求建造出相当于一个城市街区大小甚至更大的建筑。（我也曾多次被要求这样做。）当以如此夸张的规模建造建筑时——与人本化的规则相去甚远——我们必须对所有不自然的巨大感进行补偿。我们尤其需要抵制轻易使用重复的水平向线条设计的诱惑——所有那些长长的平面窗户和长长的平面楼板。虽然坐在设计工作室中可以轻而易举地绘制出建筑上水平向的线条，但实际上它们却与人类的感知方式相悖——因为人类的感知方式是更容易沿着水平方向观察而不是纵向观察的。过多水平向的线条会占用我们的视线，造成单调的重复，令人厌烦。这样的设计很快就会不受欢迎，因为它只会不断地重复，重复，再重复。

房间里

每当我与人们谈论建筑人本化的问题时，往往会谈到相同的问题。一些人想知道，实现我们愿景的唯一方法是否只有回到过去。

的大象

另一些人则担心，这是否意味着要像点缀圣诞树一样，把建筑装饰得密不透风。但最常见的是，他们确信，用现代材料或仅有的预算来完成这一任务是不现实的。

我们应该复制老建筑吗?

日本

也门

当人们讨论他们对建筑物的感受时，谈话往往会陷入一种可预见的、简单化的争论——一方是喜欢旧风格的人；另一方则是喜欢新风格的人。

我相信，只要稍微换个角度来看待这个问题，就有可能把这些对立的阵营团结起来。人们喜欢老建筑的原因之一是它们的地方感。

澳大利亚

尼日利亚

人类总是通过观察建筑来了解自己是谁。

这些位于日本、也门、澳大利亚和尼日利亚的房屋都蕴含着各自的文化，它们具有强烈的地方特色。

英国最受欢迎的一些建筑也反映出这个国家的视觉文化。伦敦塔桥是以 16 世纪哥特式风格设计的，但它实际上是维多利亚时代机械工程的一大杰作，建成于 1894 年。它是以千年思维的方式建造的。虽然很可笑，但伦敦塔桥却深受人们喜爱。没有人叫嚷着要拆除伦敦塔桥——尽管用现代主义者的话来说，它显然是“不诚实的”。

然而，在建筑界却有一股强大的势力反对采用旧风格的新建筑。这些新建筑被贴上“衍生品”“不真诚”“模仿之作”“不真实”等标签。

法国，建于2006年

泰国，
建于2015年

左图：马恩河谷新城（Marne-la-Vallée）托斯卡纳广场（Place de Toscane），皮埃尔·卡洛·波腾皮（Pier Carlo Bontempi）与多米尼克·赫滕贝格尔（Dominique Hertenberger）合作设计

右图：清迈（Chiang Mai）“尼曼一号”（One Nimman），翁·阿德建筑事务所（Ong-ard Architects）设计

在美国，美式殖民地风格、草原风格和古奇（Googie）风格的建筑仍然很受欢迎。他们还喜欢澳大利亚的联邦风格和瑞士的小木屋风格（Chalet style）。在英国，则是爱德华时期、乔治亚时期、维多利亚时期和工艺美术运动时期的建筑风格。虽然我的设计与它们不同，但我同样认识到它们是我们民族象征的一部分，就像切达奶酪和查尔斯·狄更斯一样。无论是在英国、日本还是毛里塔尼亚，我都不认为反映其历史文化的建筑就一定是不好的。如果这些建筑能让使用者感觉良好，那么我们为什么要对它们嗤之以鼻呢？我们在英国不会对着东京重建的日本旅馆大喊“衍生品”。上个世纪的新建筑对我们城市造成的破坏要比同一时期所谓的“衍生品”严重得多。

英国，
建于1987年

我认为，建筑行业不应该有一种“上帝情结”，要求人们只能从零开始发明建筑风格。只要我们全心全意地去做，我们就不必害怕向文化、向过去的缔造者致敬。

同样，我们也不必害怕去设计那些看起来很未来的建筑。

上图：里士满河畔（Richmond Riverside），伦敦，昆兰·特里（Quinlan Terry）

右图：哈罗德·华盛顿图书馆（Harold Washington Library Center），芝加哥，HBB 建筑事务所（Hammond, Beeby and Babka）

美国，
建于1991年

在英国，有时会听到这样的说法：公众讨厌一切新事物——如果让他们决定，他们会拒绝一切现代事物，只想让世界充满乔治亚风格的房屋和塔桥。但这些假设（我猜测，这些假设往往是在现代主义设计遭到拒绝时的愤懑中做出的）低估了人们兴趣和品位的多样性。

正如我们所发现的那样，世界上最受喜爱的十大建筑包括哈利法塔、哈尔格林姆教堂和碎片大厦。

哈利法塔（如图所示）并没有反映出它所在的迪拜沙漠的历史。它之所以受欢迎，是因为从城市视距来看，它足够有趣，能够形成自己的地方感。新加坡皮克林宾乐雅臻选酒店也没有太多地反映出其所在地的历史。它之所以成功，是因为从三个视距来看，它都足够有趣，并形成了自己的地方感。

历史上许多伟大的建筑设计师都玩过类似的把戏。乔治 - 欧仁 · 奥斯曼（Georges-Eugène Haussmann）在巴黎设计的建筑通常被认为反映了一种基本的巴黎地方特色，但实际上是这些建筑营造了这种感觉。它们是古典风格的衍生版本，以一种全情投入的信念建造而成。

新旧人类建筑有什么共同之处呢？那就是必要的视觉复杂性。

在 19 世纪的伦敦，托马斯·库比特（Thomas Cubitt）设计的伦敦之家（The London houses）具有必要的视觉复杂性。这些建筑可能不合你的口味。对有些人来说，它们显得浮夸而古板。但它们具有空间立体感和简单的装饰细节，有时甚至还有曲线。

建于20世纪70年代的巴黎蓬皮杜艺术中心（Pompidou Centre）也具有必要的视觉复杂性。同样，这座建筑也可能不合你的口味。对某些人来说，它显得过于工业化和混乱。但如果你仔细观察，你就可以发现越来越多的细节。

蓬皮杜艺术中心具有必要的视觉复杂性。

托马斯·库比特的房子具有必要的视觉复杂性。

它们都是人本化的建筑。

"D"开头的单词

装饰, DECORATION

通过装饰来增加必要的视觉复杂性是一种再简单不过的方法。但是，复杂性并不需要像"给大猩猩涂上口红"一样，为建筑加上一层装饰。在我工作室的工作中，我们不想建造有装饰的建筑。相反，我们有另一种思维方式，就是无论如何都要建造公众需要的建筑，并努力使其足够复杂。可以说，这意味着追求装饰作用，而不是为了装饰而装饰。复杂性并非无脑地在建筑表面添加东西，而是尽可能地通过结构本身将之呈现出来。通过门窗的框架、表面的连接方式，以及通过展示而不是隐藏其中的工艺，都可以产生趣味性。我们不是要消除建筑物外部的细节，而是要放大和强化它们。

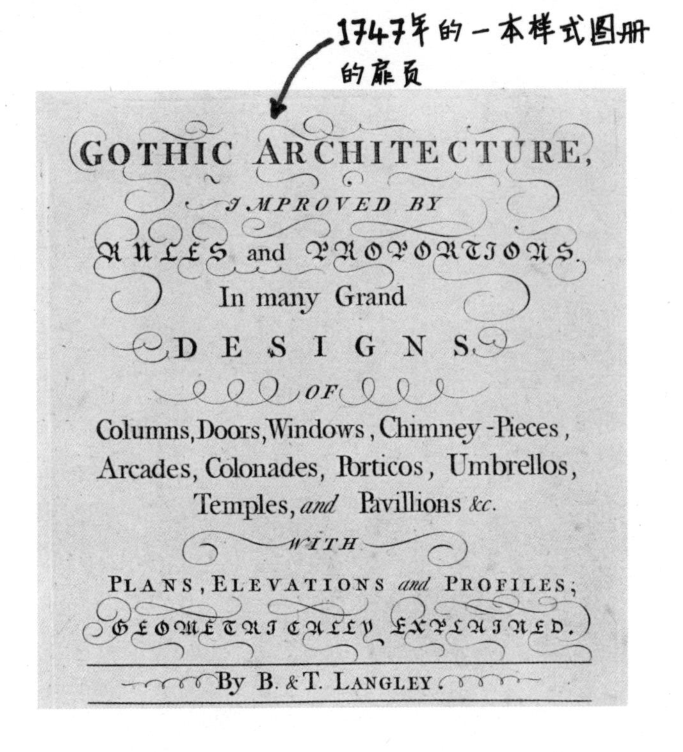

GOTHIC ARCHITECTURE,

IMPROVED BY

RULES and PROPORTIONS.

In many Grand

DESIGNS

OF

Columns, Doors, Windows, Chimney-Pieces,

Arcades, Colonades, Porticos, Umbrellos,

Temples, *and* Pavillions &c.

WITH

PLANS, ELEVATIONS *and* PROFILES;

GEOMETRICALLY EXPLAINED.

By B. & T. LANGLEY.

1747年的一本样式图册的扉页

在维多利亚时代和乔治亚时代的英国，有一套范式可以帮助设计师轻松设计出有趣的建筑。样式图册（Pattern books）是一本预先设计好的门、窗、柱子、装饰线条、檐口、三角楣饰和滴水嘴兽等构筑元件的图纸目录。这些图册包含了建造各种建筑所需的一切元素——因为这些元素可以按照不同的配置和比例进行组合。在视觉复杂性上，这些图册为建筑设计师提供了一个现成的范式框架，这意味着他们的每一个新项目都不必从零开始。

门铁制品

窗户

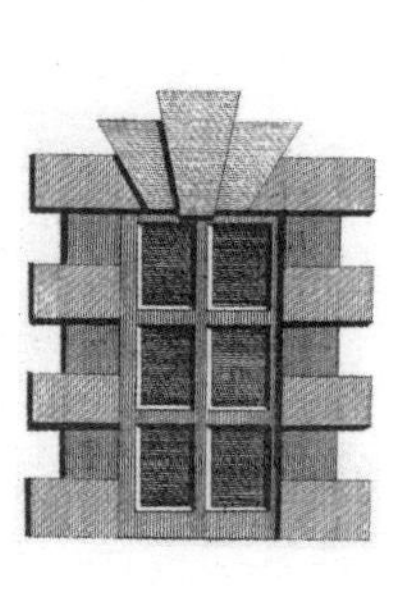

门

栏杆

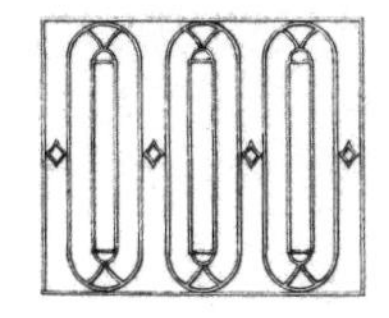

窗户

门

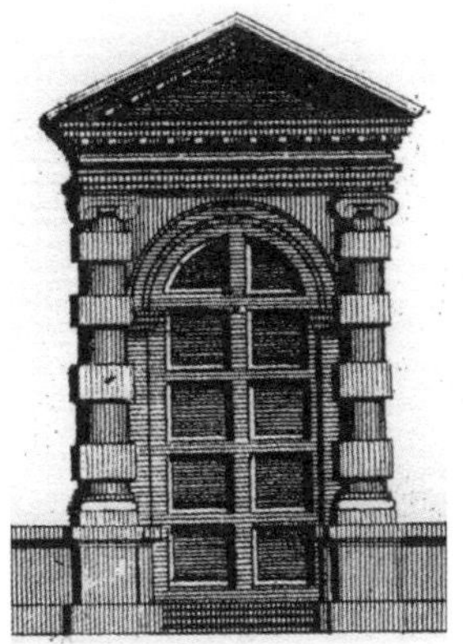

现代主义者抛弃了样式图册的文化，也抛弃了其中所包含的所有实用性。今天的设计师经常以创造无聊的建筑而告终，因为他们已经被剥夺了样式图册这样的范式系统所能给予他们的智慧和便利。我们是否可以设想一个新时代——一个为人类建筑的匠造者编写样式图册，而不是一味地照搬过去的设计的时代？

2026年版

建筑设计样式集

窗
门
阳台
扶手

灯光
电梯
外装
柱子

数百种用于门窗等建筑元素的人本化设计想法

2026 版建筑设计样式集

人本化溢价

毫无疑问，建造人本化的建筑比建造无聊的建筑更难。对于过去的设计师来说，实现必要的视觉复杂性要容易得多，因为复杂性已经自然而然地存在于他们建筑的各个组成部分之中。在建造新建筑时，我们总是倾向于使用最廉价、最高效的表面材料，如玻璃、薄铝板和硅酮密封胶。这些批量生产的现代材料通常具有毫无生气的外观，它们乏味而空洞，无法为岁月的痕迹提供理想画布。

由于这些材料本身毫无特色可言，因此我们需要更加努力地增添特色，发掘潜在的趣味性。如果我们要使用铝，我们能否制作出有趣的不平整面板？如果我们要使用批量生产的砖块，我们能否坚持不让它们呈现统一的色调或颜色？我们能否将它们拼在一起，创造出吸引眼球的三维图案，并在长达数十年的风雨和污垢的侵蚀下，让视觉效果变得更加复杂？或者，我们也可以用灰泥来做一些有趣的事情？如果我们不打算使用砖块这样越旧越好看的老式材料，那么无论我们用什么材料代替，都必须达到同样的效果。但令人担忧的是，人本化的材料和技术成本太高。

预算紧张是不可避免的，但我们不能以此为借口，建造更多无聊的建筑。人们有时会误解，认为在我的工作室里，我们把时间都花在了构思令人兴奋的创意上，然后客户就会立刻答应，并为我们想要的任何东西买单。当然，事实并非如此。我们大部分的设计时间都花在了反复修改和重新设计上，试图用有限的资金尽可能地做到巧妙、明确、别致。

当我们完成 2010 年上海世博会英国馆的设计时，一位来自其他国家的建筑师走了进来，感叹我是多么幸运，

因为他没有得到我们所拥有的预算。但我后来得知，实际上他的资金几乎是我们的两倍。

在我的工作室受委托设计新加坡南洋理工大学的学生中心“蜂巢”(The Hive)时，我们就面临着资金紧张问题。

有时，答案就是简单地、实实在在地付出更多努力。我们想方设法让大楼周围的路面变得有趣，但却只能买到极其廉价和无聊的黏土砖。于是有一天，我们团队的一名成员去到城里，走了好几个小时，一家接一家地造访当地的建材商，询问：“你们有没有和瓷砖价格一样的石材?你们有什么其他材料可以提供给我吗?”

最终，他找到了一家可以提供一批用剩下的石英石的供应商。这些石英石非同寻常，有着像鱼皮一样质感的银色。

在其他环节，我们同样需要在制作工艺上发挥想象力。“蜂巢”的外墙由 1 000 块弧形混凝土板组成，这些混凝土板是在邻国马来西亚制造的。尽管我们只能负担得起一个模具来制作所有这些板材，但我们仍然决定让每块板材看起来都与众不同。为了实现这一点，我们在模具中加入了一种特殊的化学凝胶，这种凝胶可以防止水泥表面凝固，这样当你冲洗水泥时，就可以看到下面粗糙的石质纹理。为了创造出最大程度的复杂性和多样性，我们在每块板材的不同位置都放置了凝胶。我们还对模具进行了设计，以便每次使用都能将之弯曲成不同的半径，从而稍微改变曲线的角度，并且我们还沿着模具的内壁在不同位置放置了橡胶块。这些变化增加了更多的多样性和不可预知的立体感。当我第一次看到成品时，我内心的完美主义者被吓坏了，心想："我们在做什么？这还不够完美。"但当我看到它们被组合在一起时，我意识到，正是因为这些板材的不够完美才让它们显得弥足珍贵。我们如果只是制作一个又一个完美的板材，那一切就会变得相当无聊。

除了有巨大的椭圆形房间堆叠在一起之外，“蜂巢”的大部分墙面都是由实心的混凝土结构墙组成，墙壁上还嵌有艺术家莎拉·方纳利（Sara Fanelli）根据 700 幅水墨画设计的图案。这些图案经常重复出现，但其复杂程度和精心安排却让过路人很难察觉它的重复。我们只能买得起最便宜的混凝土，所以墙面充满了无尽的气泡和石子等瑕疵。但方纳利华丽的设计分散了人们的视线，让人们忽略了混凝土的粗糙。最终的建筑虽然原始，但却给人温暖、有趣和友好的感受，而且成本并不比同等规模的停车场高多少。

“蜂巢”的预算确实超了一点，但并不多。可如果我们真的想让我们的世界重新人本化，我们就必须谈论这个“一点”，并接受它的重要性。我们必须改变我们的思维方式。无论我们是城市规划者、房地产开发商、政治家、评论家、教育家，还是拒绝让自己的世界和孩子的世界被死气沉沉的建筑吞噬的普通公民，我们都必须要求彼此为人本化建筑付出额外“一点”努力和预算。

重新人本化意味着价值观的转变。

这听起来不可能吗？不应该。我们的共同价值观在不断变化：今天的我们早已不同于100年前的人类。小时候，我带着香蕉干去上学被认为是个怪胎。（我的母亲吃长寿食品，我的父亲穿勃肯拖鞋，但15年后，凯特·摩丝才使它们成为时尚。）现在，这一切都变了。

我们甚至与半代前的人不同。在诸多问题上——从种族到性别，再到我们对可持续发展和环境的看法——我们都在不断进化。我们吸烟更少，使用安全带更多，吃素食的人也越来越多。在1996年澳大利亚“亚瑟港大屠杀”事件激起民愤之后，法律的制定以及公众对枪支的态度发生了根本性的改变，其结果就是现在死于枪支的澳大利亚人比以往任何时候都要少。在英国，在过去的几十年里，我们对食物的看法发生了重大转变。2005年，在电视厨师杰米·奥利弗（Jamie Oliver）的推动下，我们禁止了“炸火鸡麻花”（Turkey Twizzlers）这样工业化食品进入到学校的餐食中。

我们认为便宜不是最重要的标准。

我们认为孩子们吃的食物不应该是效益至上的味道。

现在，我们同样应该强调建筑也需是“有营养的”，并在和建筑相遇时接受它们的滋养。

我们应该坚决摒弃那些关于“房地产开发商只是精明而顽固的资本家”的陈词滥调，我们不能因为他们会考虑自己的盈亏底线，就失去对他们可能建造人本化的场所的期待。

150 年前，房地产开发商同样是精明务实的资本家，他们同样也需要为自己的盈亏底线考虑。他们也想要利润，但他们也会努力在前门上方使用曲线、屋檐、装饰线条、檐口装饰和彩色玻璃。如果他们能在平均收入和生活质量比现在低得多的情况下大规模地做到这一点，我们为什么不能呢？

过去的有趣建筑在当时的建造成本更低也并非事实。正如美国建筑师迈克尔·贝内迪克特（Michael Benedikt）所写的那样：

今天人们所珍视的二战前的建筑——那些拥有高高的天花板、可开启的窗户、结构分明的房间、清晰的装饰线条、坚固的墙壁和赏心悦目的装饰的建筑，以及那些我们叹息“因为成本太高”而今天无法建造的建筑——在当时建造起来并不便宜。事实上，当时的建筑耗费了我们更多的财富、时间和收入。

社会决定在我们现在建造的每一座建筑上减少投入，所以它们在情感上没有足够的营养也就不足为奇了。

然后下一个借口又来了：但我们今天正处于危急时刻！看看现在都出了些什么问题！在所有这些紧迫的问题面前，人本化的建筑是次要。

我们必须抵制无休止拖延的心态，这种心态总是说天要塌下来了，所以我们没钱建造好的建筑。什么时候才是没有危机来为廉价辩护的好时候呢？

诚然，我们正在经历一场可怕的气候危机，这非常重要。但同时存在的现实是，我们比历史上任何时候都要富有，我们在建筑上的投入也比历史上任何时候都多。我们在全球建筑业上投入的资金从 2014 年的 9.5 万亿美元增长到了 2019 年的 11.4 万亿美元。

公元1723年，

公元723年，

公元23年，

公元3年，

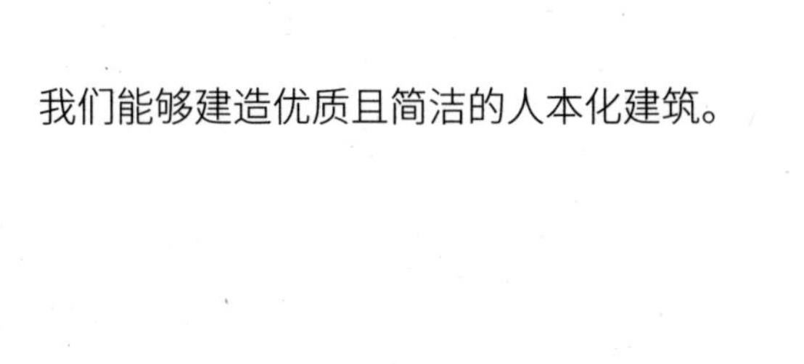

我们能够建造优质且简洁的人本化建筑。

我们能够建造优质且简洁的人本化建筑。

我们能够建造优质且简洁的人本化建筑。

我们能够建造优质且简洁的人本化建筑。

直到 20 世纪初，每一代人都能做到这一点。毫无疑问，我们今天也能做到。

但是，我们如何才能知道额外花费多少才是合适的呢？

在我的工作室里，我们会为客户提供两个选项以供讨论和选择。第一个是完成项目最经济实惠的方式，这样既能实现项目的基本功能，又能符合必要的法规要求。这个最低限度的版本无一例外都是非人本化的，但却提供了一个基础方案。然后，我们会研究真正人本化的版本，其成本可能比基础方案高出 5%~10%。在此基础上，我们开始与客户就成本和收益进行深入而坦诚的讨论，避免在金钱问题上显得天真。这种讨论是最有趣的对话。

请记住，即使人本化的建筑在初期会产生额外的费用，但从长远来看，它们的成本可能会低得多，因为它们被拆除的可能性更小，从而避免了建造更多昂贵的新建筑的需求。预计到 2026 年，全球建筑业每年产生的垃圾成本将达到 344 亿美元。在美国，大约 90% 的废弃物来自建筑拆除。

这就意味着有大量资金被浪费在了那些不受欢迎、不值得保留的建筑上。通过让世界重新人本化，我们可以节省数十亿美元，并大大减少因拆除而排放到大气中的碳量。

作为一个行业，我们已经逐渐习惯于“绿色溢价”这一概念，这一概念通过采用公认的生态标准来确保我们的建筑更加可持续。越来越多的新建筑的业主开始接受这种溢价。有时候，他们不仅接受，甚至还为此感到骄傲。绿色溢价反映出了近几十年来社会价值观的普遍转变，即优先保护我们的地球。但要想真正实现建筑的可持续，这还不是全部。

是时候坚持……

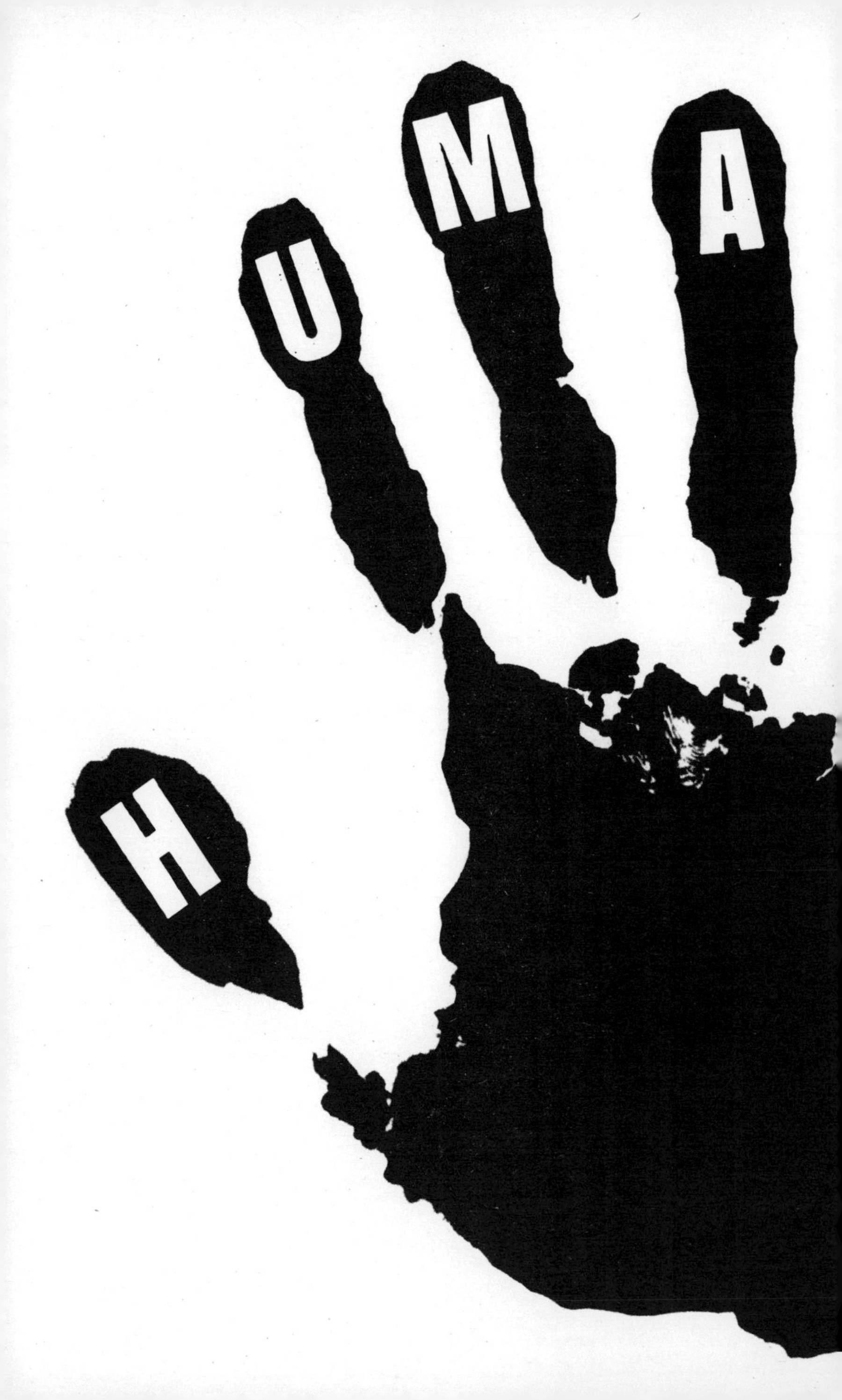
H
U
M
A

人本化的溢价

改变我们的

使世界人本化的新运动不能仅仅依靠我们思维的转变。要结束“无聊疫情”，破除对现代主义建筑的狂热崇拜，就需要建筑行业和普通过路人在行为方式上进行一场革命。在我努力建造人本化建筑的三十年里，我曾有幸与

行为方式

许多志趣相投的人进行过深入的交流，探讨过如何做出有意义的改变。在接下来的几页中，我将分享一些关于我们该如何协力建设一个更加人本化的世界的想法。

重新思考建筑专业

回望 19 世纪，在建筑行业逐渐变得专业并受到保护的同时，也犯下了一个历史性错误。

1892 年，一本简短的书出版了，书中充满了建筑设计师们情绪激昂的声音，他们对这种变化的后果感到焦虑。《建筑，是一种职业还是一门艺术：关于建筑师资格和培训的十三篇短文》（*Architecture, a Profession or an Art: Thirteen Short Essays on the Qualifications and Training of Architects*）一书因其作者所做的预测而引人入胜。在引言中，牛津大学广受欢迎的叹息桥（Bridge of Sighs）的设计者托马斯·格雷厄姆·杰克逊（Thomas Graham Jackson）认为："目前，建筑师由于与绘画和雕塑等姊妹艺术隔绝而备受煎熬。收紧职业化的束缚就等于将他们与这些艺术完全隔绝开来，并扼杀他们身上仅存的一点艺术家品质……如果建筑专业要在我们中间重新焕发生机，那么职业的观念就必须消失。"

在那本书的同一页中，哥特式建筑师乔治·弗雷德里克·博德利（George Frederick Bodley）写道："我们所抗议的是，试图通过考试来使建筑专业成为一种封闭的、经过认证的职业，而考试并不能真正地检验艺术能力。我们所主张的是一种艺术的高度自由，它应该像不受约束的女王一样屹立不倒……"

在过去的一个世纪里，这些人的担忧和预测一次次被证明是正确的。自从他们的书出版以来，"建筑师"这一角色确实已经变得过于专业化，并脱离了真正的艺术家世界。

除此之外，这个行业也变得只对那些拥有大量时间和资源的人开放。即使是在 19 世纪令人窒息的阶级社会，像古斯塔夫·埃菲尔（Gustave Eiffel）和约瑟夫·帕克斯顿（Joseph Paxton）这样的工人阶级也有可能通过自己的努力，建造出他们国家最受欢迎的两座建筑（分别是埃菲尔铁塔和水晶宫），并且体现出历史学家亚当·沙尔（Adam Sharr）所写的"白手起家的实干家形象，与学者型的绅士建筑师形成鲜明对比"。

我们能否通过重新思考“建筑师是什么?”“他们是如何接受培训的?”以及“建筑本身是如何被实践的?”来弥补过度专业化所造成的一些损害。

当到了现代主义时期，我注意到许多最有影响力的建筑师都将自己视为艺术家。就连勒·柯布西耶，这位自相矛盾的“无聊之神”也认为“建筑是高于一切的艺术”。

你也许会认为我的这种想法是天真、傲慢和妄想的。

其实不然。

我认为问题并不在于建筑师将自己视为艺术家。恰恰相反，我认为建筑师的确是世上最大艺术品的制造者。真正的问题在于，大多数时候，他们所做的事情根本不能被称为“艺术”。他们自欺欺人地认为自己是在进行艺术创作，而事实是，他们的思维却遭受着常规思维的制约。与此同时，非建筑师在获取建造重要建筑的机会上遭遇的阻力也是真实存在的。

大约 25 年前，我发现了一场设计当代美术馆的大型竞赛的通告。我想参加这次比赛；但由于参赛要求规定，参赛者必须是一名注册认证的建筑师，所以我没能参赛。几年后，我在伦敦参加了一场讲座。他们告诉听众，他们最喜欢的美术馆是位于德国的一座，是由艺术家而不是注册建筑师设计的。我举手问道："为什么你们最喜欢的美术馆是由艺术家设计的，而艺术家却无法参加你们自己的比赛呢?"

他们回答说："嗯，实际上是有一位艺术家与获奖建筑师一起合作的。"但是，尽管我对这座已建成的美术馆很熟悉，却从未听说这位艺术家参与过设计。这表明，艺术家的贡献是多么不被重视。

讲座结束后，我对所听到的一切并不满意。但它确实让我瞥见了一个可能的未来，在这个未来中，艺术思维将再次在建筑艺术中蓬勃发展。

释放

艺术家

建筑师不再那么艺术化地思考的原因可能是，建筑工作本身已经变得非常复杂。在过去的 100 年里，建筑的法律、政策和监管方面都有了巨大的发展，建造一座建筑所涉及的技术和选择也成倍增加。既要有艺术性，又要有安全性，还要有可持续性；既要当政治发言人，又要当销售人员，还要当不同团队的领导者。对于一位建筑师来说，这是一项不可能完成的工作。

从设计一个鼓舞人心的方案，到绘制所有图纸、进行管理和成本核算，再到制定管理条例和领导建筑商；一位高超的领导者要负责所有事情这种浪漫的设想实在是太荒谬了。我知道自己肯定做不到这一切。

我们应该想方设法让更多的人参与进来，帮助分担工作，提供不同的感受。进入这个行业的方式可以更加包容：对大多数人来说，经过长达七年的时间才能获得从业的资格许可是无法想象的，除非他们出身富裕、背景优渥，并且达到一定年龄。

必须有更多的方法来解放这个行业，解除学术和专业化的束缚。我们或许可以开设一些时间更短、费用更低的课程，这些课程将更多地关注建筑设计的制作、创意和情感方面。这将鼓励这一行业的社会流动性，让更多人进入这个行业，更重要的是，这会带来更多元化的经验、观点和想法。

另一种解放这一职业的方法是与其他类型的创意人才展开更多的合作。像高迪这样的建筑师就曾与许多艺术家合作过，他们不仅制作门把手、灯具，而且还对他的项目产生了意义深远的影响。对于公司来说，与其他领域的知名人士以不同寻常的方式进行合作，仍有巨大的未开发潜力。你能想象韦斯·安德森（Wes Anderson）[①]设计的办公大楼、比约克（Björk）设计的[②]议会大厦、乔治·马丁（George R. R. Martin）[③]设计的酒店或者班克西（Banksy）[④]“设计”的 800 套经济适用房会是什么样的外观和感觉吗？我非常愿意与这样的艺术家一起工作，做一些有用和有意义的事情。

我也有机会与福斯特建筑事务所（Foster + Partners）[⑤]、BIG 建筑事务所[⑥]以及莉娜·戈特梅（Lina Ghotmeh）[⑦]等杰出的建筑师合作，共同设计建筑。虽然我和我的团队与他们有很大的不同，在合作中也会带来不同的想法和才能，但我们在工作中一直有一个共识，那就是所有的功劳（和过失）都是平等分享的。我喜欢我们永远不会告诉任何人某个特别的想法是从哪里来的。这让我们不必担心那些愚蠢的自我，而是带着真正的冒险精神去合作。

---

① 美国导演、编剧、制片人。——译者注
② 冰岛音乐人、演员。——译者注
③ 美国作家、编辑、电视剧编剧兼制片人。——译者注
④ 英国街头艺术家。——译者注
⑤ 英国的建筑与工程公司。——译者注
⑥ 位于丹麦首都哥本哈根。——译者注
⑦ 黎巴嫩建筑师。——译者注

人本化

但是，仅靠合作还不足以消除对无聊的狂热崇拜。我们还需要解决这个行业自我延续循环的异端思维。目前的教育模式是：由老一辈大师们向一代又一代易受影响的年轻人灌输知识与思想。这种模式可以用计算机编码领域已证明成功的方法取代。法国的“42 学校”（École 42）① 和英国的“01 创始者”（01 Founders）等组织通过开创无教师的“点对点学习”，彻底改变了培养创造力的方式。这种不寻常的新模式使学生们能够相互指导，并制定自己的解决方案，而不是由讲师发号施令。

① 免费的计算机编程培训学校。——译者注

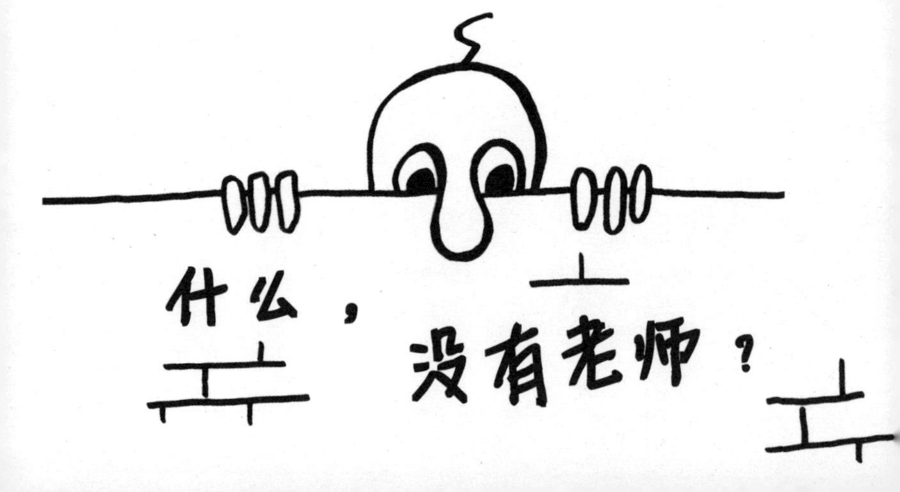

教育

对于建筑界来说，我可以想象制定一个自主的学习计划，鼓励学生用自己的感觉和才智来看待这个世界。“评审”将在一个没有等级制度的环境中进行。这种做法的惊人潜力在于，它将造就新一批才华横溢、没有被过度束缚的从业者。

想象一下，如果我们能够摆脱今天仍然常见的无聊从众，解放审美的多样性，那将是多么令人兴奋的事情。在英国的教育体系中，见习建筑师几乎不与城市规划者接触，这一度让我感到惊讶。学习如何站在城市规划者的角度看待问题应该成为教学大纲中不可或缺的一部分，并由此延伸至站在公众的角度看待问题的一种方式。

我们是否也可以改进城市规划者的受教方式呢？或许可以对他们进行人本化建筑规则的培训，教导他们更多地关注人的体验而不是规章制度的细枝末节？当然，我们应该鼓励他们不断向建筑行业提出问题，例如：这个项目是否以人为本？它将给人们带来怎样的感受？情感是其主要功能吗？从门前距离观看，它是否具有必要的视觉复杂性？其千年思维体现在哪里？

最后，如果我们能培养出更多的匠造者，那岂不是更好？随着现代主义运动对雕刻师、铅匠、玻璃匠和泥水匠等专业工人的需求逐渐消失，这些职业也随之消亡。150年前，地球上有数百万技艺高超的工匠，随时准备为建造有趣的建筑做出贡献。

然而，我们也不能对历史上的工艺形式过于痴迷。建造新的有趣建筑并不一定意味着要回归老式的材料和工艺。

3D打印墙壁：
移动喷嘴像挤牙膏一样挤出
一层层混凝土。

有许多令人惊叹的新方法可以创造出空间立体感和视觉复杂性——包括激光切割、计算机控制的材料加工和建筑墙壁的 3D 打印等技术。试想一下，如果高迪和奥斯曼能够使用这些新的制造技术，他们会创造出怎样的创新成果——如果新一代的创意人才能够接受设计人本化的教育，他们又会创造出怎样的成就呢？

人本化

规划过程往往对公众充满敌意。在英国，我们仍然把充满专业术语的规划公告张贴在灯柱上。就算可以在网上找到拟建建筑的图纸，但这些图纸仍然难以获取、难以理解、难以发表意见。这个过程就像一个过滤器，它减少了感兴趣的普通过路人的存在，留下的大多是愤怒、固执和执拗的人，他们很容易被斥为怪人和邻避症候群（NIMBY）[①]。*

其他国家则采用了更具 21 世纪特色的方法。在加拿大，我曾在街道公告牌上展示的彩色图片中，看到了拟议开发的项目、项目在地图上的占地面积、一个二维码（通过这个二维码可以看到一个详细的虚拟现实模型），以及关于如何留言和提问的详细信息。

要想让规划申请真正与人们建立联系——甚至让孩子们也感兴趣和理解——有一种方法是将规划申请也提交

* NIMBY: NOT IN MY BACK YARD

① "邻避症候群"原句意为"不要（兴建）在我（家）的后院。"是指那些反对在自己居住区附近建设可能对环境或生活质量产生负面影响的设施（如垃圾填埋场、发电厂等）的人。—译者注

规划

到建造世界的电子游戏《我的世界》（Minecraft）中。这款大受欢迎的游戏相当于虚拟的乐高积木，可以成为一种简单的建筑建模方法，让任何人都能在建筑建成之前体验一番。

《我的世界》已经被社区用来共同重新构想公共场所，以增强凝聚力，建立和睦相处的关系。

“堆积木”项目（Block by Block）帮助贝鲁特东部的团体在布尔吉·哈穆德（Bourj Hammoud）设计并建造了一个空旷的公共空间，并创造了一个供人们集会、表演和玩耍的地方。

社区成员完全用
我的世界游戏建模的
建筑和景观

无论我们身在世界何处，我们都需要一个能够邀请公众参与的系统，并将他们视为所有新建公共建筑的核心客户。

人本化

如今的监管体系往往会助长规避风险的无聊设计。但是，也有可能制定一些规章制度来鼓励诸如空间立体感这样的特质。香港的许多建筑都具有视觉复杂性，这是多年前政府鼓励凸窗设计的直接结果。有一段时间，香港的开发商被告知他们被允许（通过在新建住宅楼外安装向外部突出成块状的凸窗）增加楼内的建筑面积。带凸窗的公寓对开发商来说很有吸引力，因为他们可以对扩大的面积收取更多的费用。但更重要的是，因此而建成的大楼不再扁平、齐整，而是更加立体，对于每个路过的人来说也更加有趣。

当我走在巴塞罗那的街道上时，我同样注意到，对所有那些雕塑般的阳台甚至整个房间突出至人行道上的允许，到底为建筑甚至巴塞罗那的街道带来了怎样的变化。

规章制度

一栋又一栋的建筑不断向我头顶上方延伸，我沿着街道走着，这一切让我茅塞顿开。放眼望去，整条街道看起来是那么生机勃勃，充满个性。我们是否可以允许房地产开发商和建筑师建造悬挑于人行道上方的阳台和房间，但条件是这些阳台和房间必须是有趣的、不连续的，而且要增加视觉上的复杂性？这样一来，不仅房地产开发商可以获得更多的销售空间，而我们其他人也可以生活在一个更加有趣的世界里。

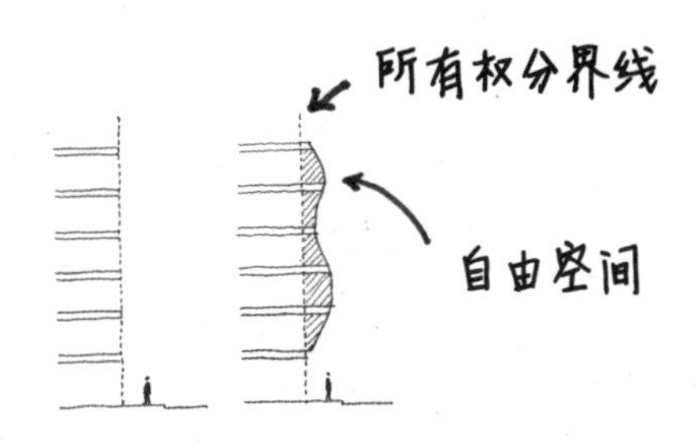

为每个城市定制一套独一无二且以人为本的规章制度，可以让无聊变得困难，让人本化变得容易。

这将激励开发商去掉他们建筑的乏味。这将是一个双赢的结果。

建筑中心

如果我们想要吸引过路人，那么开放、热情、迷人和可以自由进入的场所便是极为重要的。在父亲带我参观位于伦敦繁忙西区的“设计中心”之后，我意识到了自己想成为一名设计师。如果没有“设计中心”，我不知道我是否还会成为一名设计师。在我十几岁的时候，我会经常前往这个地方。但在 1998 年，这个面向公众的场所被关闭了。从那时起，由于“设计中心”的不复存在，让英国失去了多少有潜力的设计师？

试想一下，如果每个国家都有一个国家建筑中心——就像“设计中心”曾经那样令人兴奋，可以自由进入——如果所有的大城市都有这样的中心，那一切又会怎样呢？我们不仅可以激励新一代多元化的建筑设计师，还可以让这些中心成为共享发展计划或社区欢聚的地方，让人们感到受邀来献计献策的自豪。

面向所有人

目前，英国皇家建筑师学会是英国最具象征意义的杰出建筑中心。它是世界上最优秀、最重要的建筑机构之一。然而，其总部的设计却令人望而生畏。这表明它所代表的行业对公众的真实感受不够关心。世界各地的城市中心如何才能拥有像英国皇家建筑师学会这样的组织，但同时又像“设计中心”对我来说那样，能让青少年很容易就看到和接触到呢？

在建筑上署名

一天下午，我认识的一位专业人士向我坦白，“在我的职业生涯中，我建造过一些糟糕的建筑。”他异乎寻常的坦率让我感到非常惊讶。他的这番话让我立刻意识到，如今我们这个行业存在着匿名性过高的问题。如果我们要建造建筑，那么建造这些建筑的人在今时今日应该依然容易被确认。设计师、开发商、议员，甚至是负责建设我们这个世界的规划委员会的负责人，都应该在他们项目外墙的醒目位置自豪地署上自己的名字，而不是躲在暗处。

为什么参与建筑过程的人会反对这种做法呢？为什么你没有感到自豪？为什么你不想在你的“画布”上署名？

人本化奖项

我们需要由普通过路人，而非建筑专业和建筑行业所主导的，为新建筑颁发的奖项和荣誉。我们必须停止庆祝给公众他们不想要的东西的行为。评审团中的大部分成员都应是非专业人士。

人本化

我已经猜到某些报纸和杂志的某些撰稿人会怎么评价这本书了。我现在就能说出哪些人写的文章，以及专业人士对这些文章的评论。我知道我永远无法说服这些人。

所以我意识到，我接下来要说的话可能听起来像是恶人先告状的酸葡萄心理。但我保证这不是针对个人的，我发誓。

我们需要更关注公众感受的建筑评论家。在一些著名的评论家那里，我们很容易发现一种普遍的观点，即如果一座建筑受到普通人的欢迎，那么它在某种程度上就是低俗的和令人尴尬的。

我们需要评论家们停止过多地谈论“含蓄”“严谨”“简洁”“低调”“考虑周到”“线条流畅”，而是认真关注“人”的因素，并在设计师未能将之纳入设计时予以注意。几年前，我参与的一个伦敦大型项目的一些电脑图像被提前发

建筑批评

布，比我预期的要早得多。我知道我们在门前视距上的设计还不够好，但没有一位主流评论家对此发表评论，而是将注意力集中在了私人屋顶花园和将会高悬在路人头顶上方的外墙装饰材料上。但对于在街上经过这座建筑的数百万人来说，这些都不是最重要的部分。

如果评论家们真的想改善这个世界，我们就需要他们关注 99% 的建筑——城市中新建的高层建筑和郊区蔓延的住宅区——不仅仅是悉尼、柏林、纽约、开普敦或首尔那特殊的 1%。目前，他们似乎把 99% 的时间都花在了讨论这 1% 的特殊建筑上，而这些建筑的设计者本来就付出了极大的努力。

最重要的是，我们需要那些着迷于探索建筑如何影响数百万过路人的情感和生活的评论家。

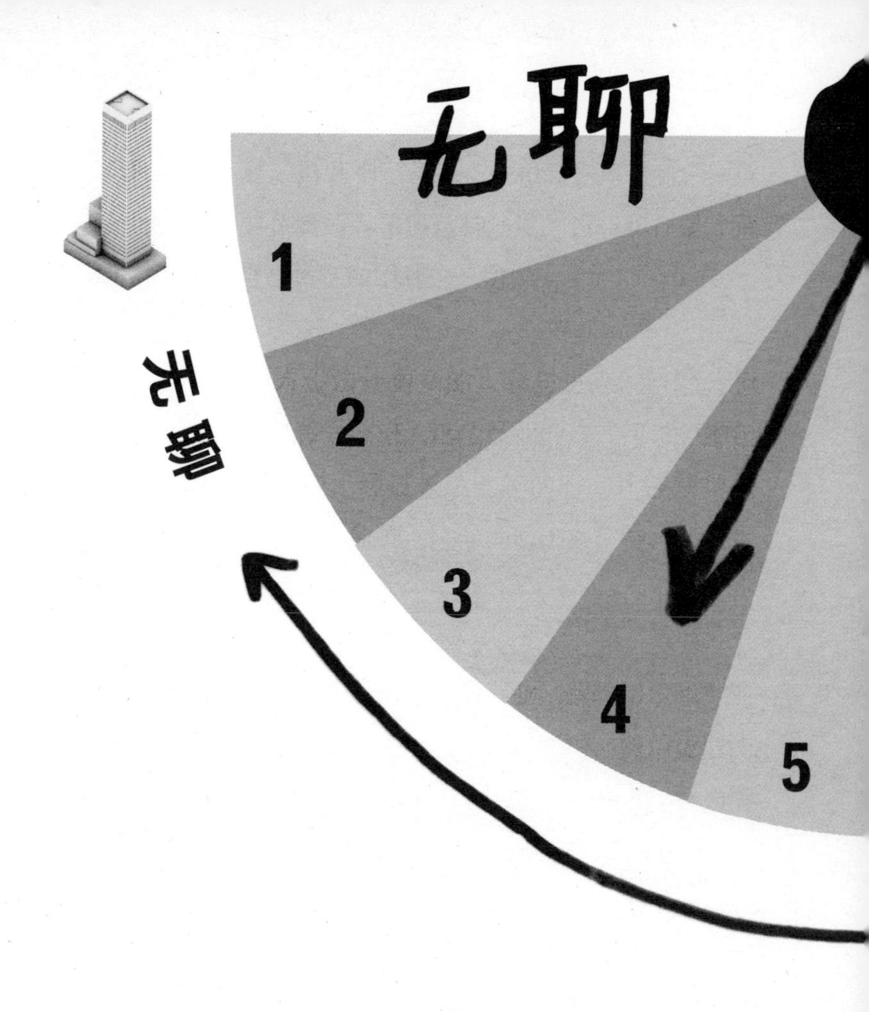

另一种评估建筑是否无聊的方法（如果它还无聊得不是很明显的话）是问问你自己它有多平坦、多平淡、多笔直或者多单调。我的工作室开发出了“无聊计量表”（Boringometer）——一种定制的软件工具，可以让专业人士从过路人的角度来衡量建筑设计的视觉复杂性。

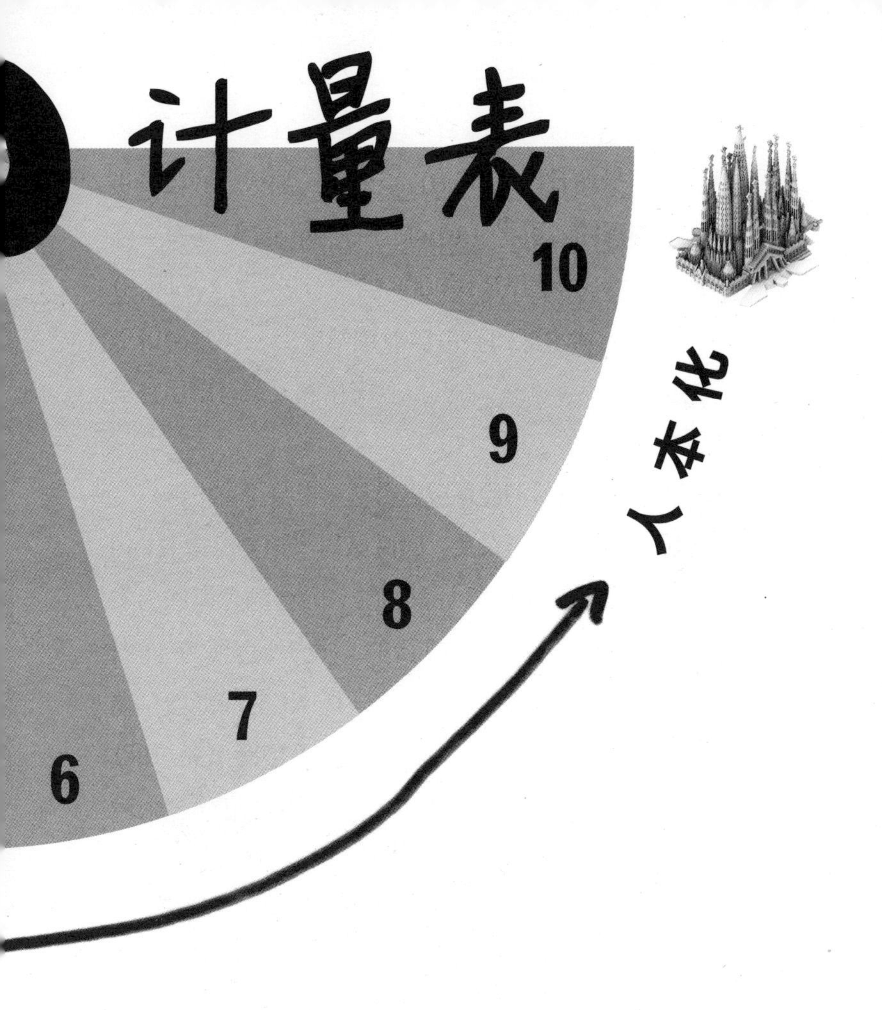

一座复杂的建筑，比如巴塞罗那的圣家堂，得分为9/10，而我们评测过的所有普通办公楼，得分都是1/10。

无聊计量表可以分析建筑物的正面，测量不同类型的复杂性。它可以帮助设计师、客户和规划者们发现，一座新建筑对于每天经过它的人来说，在视觉上可能会有多大的吸引力。

它有点像一个数字版的大型引针艺术（pin-art）[①] 玩具，被压在建筑物的正面。

---

① 由沃德 · 弗莱明发明并获美国专利，是一个垂直立体影像屏幕，表面由引针矩阵列组成，可以创建一个三维印迹。——译者注

下图显示了无聊计量表是如何解读巴塞罗那米拉之家的人本化特质的。“细节”（Detail）是对建筑动势和表面形变特写的分析。“体量”（Massing）评估的是建筑上较大的形式，例如向内凹进和向外突出的大构件。“变化”（Vartiation）是将这两个读数结合起来，对整体复杂性进行衡量。

无聊计量表是如何分析米拉之家的

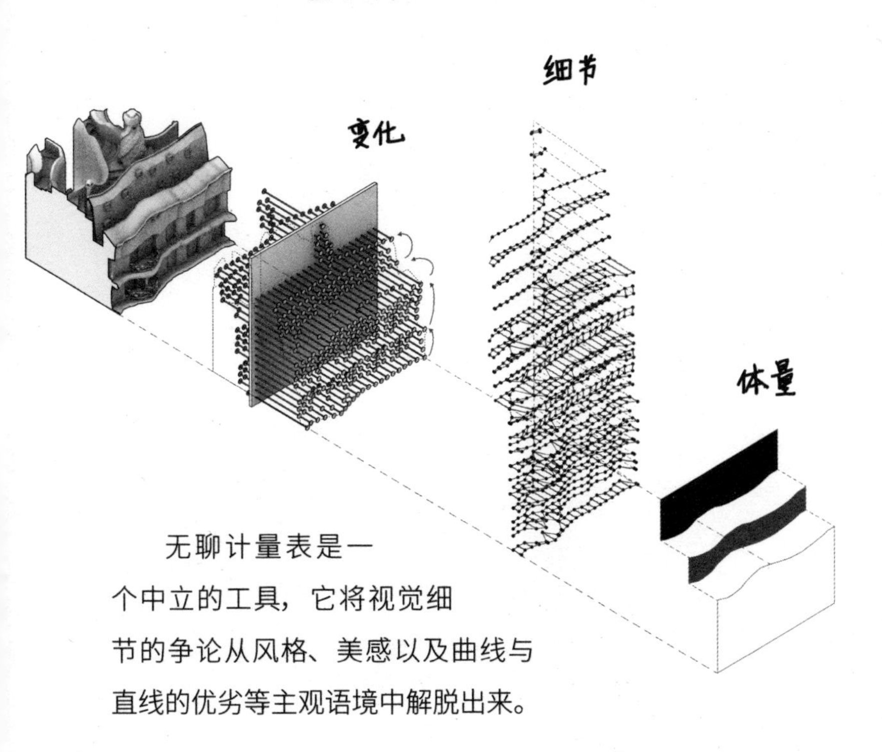

无聊计量表是一个中立的工具，它将视觉细节的争论从风格、美感以及曲线与直线的优劣等主观语境中解脱出来。

现在，我们可以利用无聊计量表的精确计算机计算指标，来更加客观地评估建筑是否具有足够的复杂性。我们需要朝着这样一个时代迈进：城市可以要求任何新开发项目都必须达到最低复杂性得分，或者要求其设计者给出“不及格”的合理解释。

许多其他功能强大的数字工具也正在迅速问世，它们将使建筑设计师能够以科学的方式了解人们对建筑的体验——我们如何使用现有的空间，我们会有怎样的行为习惯，我们在看什么，什么吸引我们，什么使我们厌恶。这些工具将为建筑设计师提供有关人们需求的信息，这些信息来自成千上万的数据点，因此这些信息也将是我们所能获取的相对较为客观的信息。

现在还有一项令人惊叹的技术，可以让我们知道我们每个人对某个地方的情感反应。人类通过微小的表情变化，尤其是眼睛及其周围的变化，来传递我们的感受。我们到底在看什么、看了多久、瞳孔放大的程度以及眼睛周围肌肉的微妙变化，所有这些都能在很大程度上揭示我们在体验一座建筑时的感受。想想在某个细节上转瞬即逝的眼神，或是不经意地皱眉、扬眉，抑或是焦虑地眯眼，这些都能告诉我们关于他人内心和思想的很多信息。再将这一技术与读取心率、体温和压力反应波动的智能手表和健身追踪器相结合，建筑设计师就能获得无可争辩的证据，从而揭示出任何建筑物的人本化程度（或无聊程度）。我们甚至有可能在新的建筑项目尚处于规划构想阶段时，就通过将这些规划输入虚拟世界，并使用头戴设备来大规模地收集成千上万人的反馈，从而对该项目的人本化程度进行评测。

诸如此类的新分析工具的涌现，只会让我们已经掌握的证据更加充分。这些证据足以证明，对趣味性的追求是人类本性的一部分；同时也证明，人本化的建筑实际上并不是反现代主义的，而是比旧现代主义的作品更加理性。

诸如此类的技术进步让我感到乐观。建筑行业的前景远非毫无希望。除了新的分析工具外，还有令人惊叹的新设计工具，比如人工智能平台 DALL-E、Stable Diffusion 和 Midjourney，它们可以帮助人们在几秒钟内创造出意想不到的有趣设计。

在大学里，有新一代目标明确的学生（以及老师）决心做出真正的改变。内华达大学（University of Nevada）建筑学教授约书亚·弗米利恩（Joshua Vermillion）利用人工智能设计出了出人意料的有趣建筑，并鼓励他的学生也这样做。

在设计行业，也有一些人在做着了不起的人本化的工作，比如我曾参观过的埃奇伍德住宅区社会住房项目的建筑师彼得·巴伯。新加坡和墨尔本等地的领导人也开始谈论哪些特质可以让他们的城市变得“讨人喜欢”。

← 约书亚·弗米利恩利用人工智能生成的设计

是时候呐喊了

一场灾难正在上演，并影响着你和你爱的每一个人。这场灾难已经持续了 100 年，而且还在继续。但这是一个缓慢而隐秘的过程。你不会在某一天打开窗户，看到原本有趣的街道突然变成了一个死气沉沉的现代主义广场。

这一切都只是在幕后发生的。

围挡竖起来了。

拆除破碎球落下了。

然后起重机来了。

接着是令人麻木的无聊。

这种活动试图隐藏自己，但却正在发生在你的身上，就像被人打断鼻梁一样。

“无聊疫情”的持续依赖于“人们无能为力”的错觉。

我们需要无所畏惧地要求我们的家充满趣味性。我们需要反抗街道、乡镇和市区的“炸火鸡麻花”化，并要求建造能够滋养我们感官的建筑。

不要再告诉自己这是以后的问题了。我们已经被迫生活在了一个充满有害建筑的失落世纪。

它让我们更加紧张、愤怒、恐惧、分裂——它让我们的思想罹患疾病，让我们的地球蒙受灾难。

到 2050 年，我们每三个人中就有两个人将生活在乡镇或城市之中。我们将不得不继续建造成千上万的房屋、学校和医院。

我们决不能再继续容忍无聊建筑的建造了。

人类理应拥有人本化的空间。

今天，我们都是前人慷慨馈赠的受益者。当我们成群结队地去看京都、巴塞罗那、莫斯科、布拉格、马拉喀什[①]和琅勃拉邦[②]等地的美丽建筑时，我们主要是去看那些生活和工作于现代主义崇拜盛行之前的设计师们的作品。我们中的一些人很幸运，能够住在这些逝去已久的设计师所建造的房子和公寓楼里。我们这一代人和上一代人为未来的公民留下了什么礼物？我们建造了哪些地方，让22世纪的游客愿意花费时间和金钱穿越地球只为一睹其风采？绝大多数的日常建筑曾经都很有趣，但今天还有多少是这样呢？百分之二？百分之一？我们在城市中建造不讨人喜爱的建筑的行为简直令人羞愧。

无聊的建筑不仅仅是对视觉景观的诅咒，也是对我们心理健康的诅咒，无聊的建筑让我们感到紧张、焦虑和恐惧。它们是对快乐的诅咒，无聊的建筑让我们不快乐。它们是对公平的诅咒，越是弱势不幸的人，他们的生活就越容易被无聊摧残。无聊的建筑是对我们地球的诅咒，它们被拆除的可能更高。自然环境的恶化是我们今天所面临的最紧迫的问题。虽然媒体会关注塑料吸管、超市购物袋和航空旅行，但我们对于推倒不受欢迎的建筑的沉迷——而且往往是用另一个不受欢迎的建筑取而代之——正在造成更大的破坏。建筑业的碳排放量是航空业的五倍。如今，

① 位于摩洛哥西南部。——译者注
② 老挝著名的古都和佛教中心。——译者注

英国商业建筑的平均寿命只有 40 年，这堪称是个十足的耻辱。

我们必须清醒地认识到我们所遭受的不公正待遇。我们必须坚持让别人听到我们的声音。有太多地方是由那些对公众的感受漠不关心、只想牟利的人设计建造的。金钱不能成为支配一切的价值。我们必须要求建筑业同样重视成千上万的男女老少的想法和感受，这些人别无选择，只能每天体验这些建筑。

我们必须要求一个不那么无聊的世界。

解答一些（可能）常见的问题

所以你是说所有的新建筑都必须看起来像悉尼歌剧院那样具有标志性？

那样就太荒谬了。当然，新建筑不必刻意追求标志性。我只是说，建筑应该融入足够的关怀、复杂性和情感智慧，让每天使用它们和经过它们的人们从中得到滋养。

你只是想让建筑为了不同而不同吗？

不是所有建筑，但肯定有一些。即使是奥斯曼设计的巴黎街道，乍一看也是千篇一律的，但当你仔细观察时，就会发现它们充满了视觉节奏的变化。你可能会说这是“为了不同而不同”，但我认为这是“为了人性而有趣”。

难道公众不是只想要外观老旧的建筑吗?

不，公众也喜欢外观新颖的建筑。他们会涌向伊甸园工程（Eden Project)、古根海姆博物馆（the Guggenheim)、悉尼歌剧院（Sydney Opera House)、东方明珠塔（Oriental Pearl Tower）以及像香港和东京这样的现代化城市。如果公众经常提到过去的建筑风格，那是因为他们还没有看到足够多的优秀现代建筑。

你不能用有多少人喜欢一座建筑来衡量它的外观价值。难道没有人告诉过你美是主观的吗?

找一个认为威尼斯不漂亮的人给我看看。有些人喜欢喝茶，有些人喜欢喝咖啡——这是主观的。但几乎每个人都会同意什么样的咖啡是一杯好咖啡。正如我的一位从事城市规划的朋友曾经告诉我的："每个人都知道自己喝的是一大杯屎，而从 50 年代开始，我们喝的大多就是这个东西。"

难道一切都是房地产经纪人和开发商的错吗?

房地产经纪人和开发商无疑是我们深陷“无聊疫情”的同谋，但他们的工作得到了现代主义建筑专业人士的支持，他们不断向房地产经纪人和开发商提供建筑图纸，并为他们所追求的无聊提供辩护的话语。这就是为什么我认为我们需要每个人的价值观都发生转变，因为最大的压力必须来自公众。

问题难道不在于现在没有足够的能工巧匠了吗?

重要的是不要浪漫或天真。昂贵的手工艺时代已经一去不复返了。但是，尽管我们面临诸多挑战，社会仍然比历史上任何时候都要富裕。我们还受益于新的材料成型方法而无需大量昂贵的手工艺人。3D 打印和利用计算机技术进行大规模定制的能力，意味着我们不再处于那个只有无聊、压抑且重复的方形盒子才是经济可行的唯一选择的时代了。

你是不是忽略了一个事实？大多数建筑并非是由建筑师设计的。

这个问题隐含的意思是：如果有更多的建筑是由建筑师设计的，就不会发生无聊的灾难了。我希望到目前为止我已经证明事实并非如此。

但是，现代主义建筑师们“反复杂”的品位已经渗透到了更广泛的建筑行业，并为每个人提供了一个继续建造非人本化建筑的现成借口，这也是事实。

难道这一切都是规划者的错吗？

他们确定在这个问题上扮演了重要角色。但根据我的经验，如今的规划者往往很想批准更多有趣的建筑。我认为他们需要站出来，为自己的人本化潜力感到自豪，反过来，建筑行业也需要更加尊重作为公众代表的他们。

但是，在这个前所未有的危急时刻，我们怎么可能负担得起有趣的建筑呢？

是的，现在确实是一个非常时期，但这不能成为继续延续非人本化建筑灾难的借口。实际上，让更多的非人本化的方盒子建筑遍布世界才是最昂贵的。我们每年在建设和拆除上都要花费数万亿美元，对我们的健康、社会和地球来说，这种无休止的破坏才是真正负担不起的选择。

你是说建筑师不用心吗？

建筑师当然非常用心，否则他们也不会接受多年的培训，长时间工作，更不会以相对较低的报酬承担巨大的责任。问题在于建筑师这个职业已经变得麻木了，他们没有意识到自己已经不再关心普通人的体验了。

对建筑物的外观大惊小怪难道不是右翼分子的嗜好吗?人本化运动是保守和反进步的吗?

完全不是。在现代主义革命之前，两个政治立场的人都认为，火车站、邮局、图书馆、学校和游泳池等公共建筑应该是喜庆和慷慨的，而不是平淡和吝啬的。当政府为人民建造建筑时，他们是以尊重和重视的方式来执行的，并告诉人民他们很重要。

我不相信这样一个世界，在这个世界里，抱负、富足和慷慨被视为右翼，而顺从、无聊和贫穷则被视为左翼。我也不相信会有这样一个世界，在这个世界里，只有富人才可以享受滋润而愉快的建筑。人本化运动是真正的进步：它希望每个人，无论其背景如何，都能在回馈个人、社区和地球的建筑中生活、工作、学习、购物和疗愈。

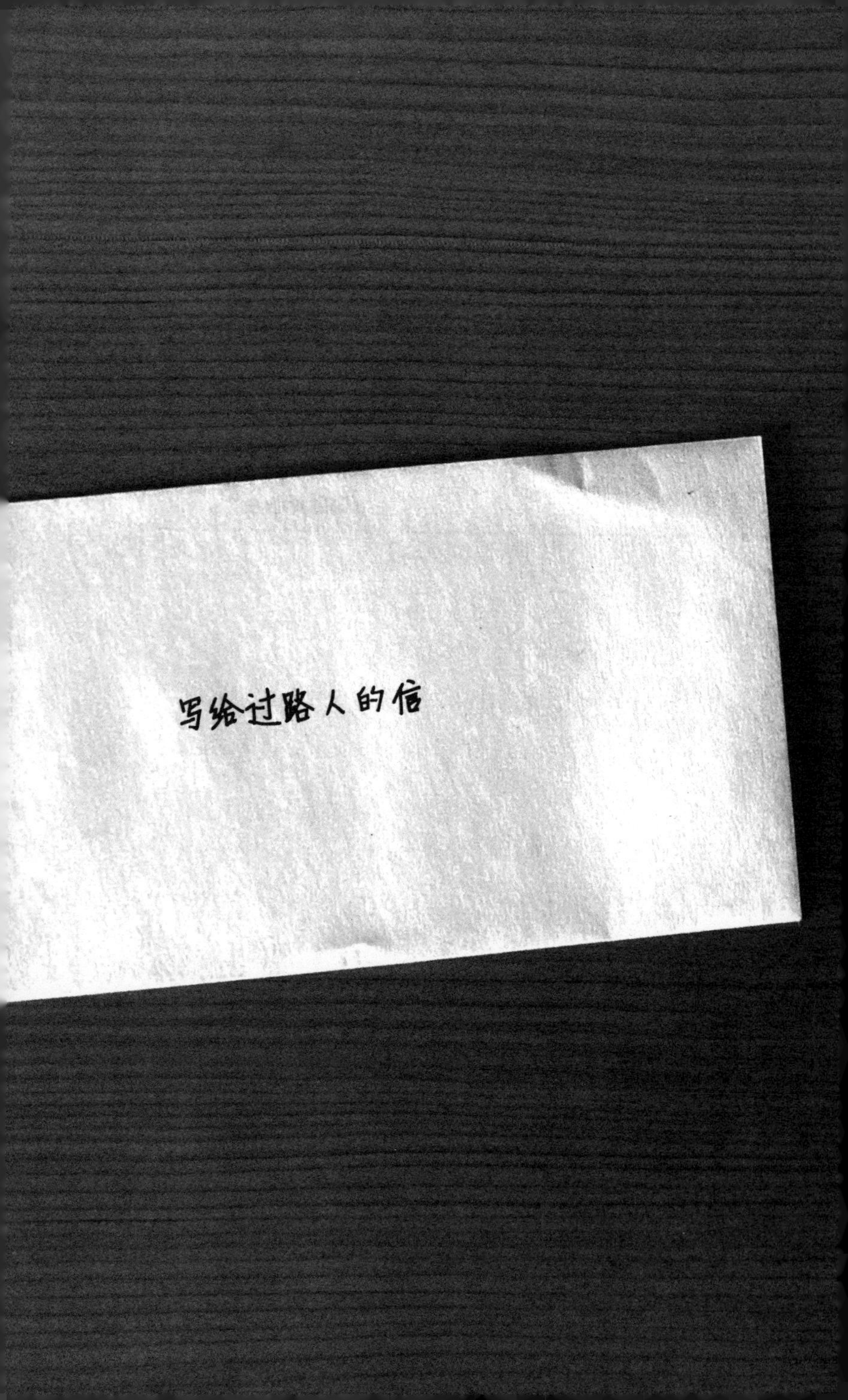

写给过路人的信

亲爱的过路人：

你是否忘记了，这本书是为你而写？

希望没有。但是，我说了太多业内专业人士可以做些什么来结束这场无聊的灾难，以至于到目前为止你会觉得有点被忽视，甚至有点无能为力，这是情有可原的。

“那我呢？”你可能会想，“我能做些什么呢？ 我只是一个走在大街上的普通人。”

尽管你可能会有无力感，但实际上，你才是这场运动中最有力量的一环。你对这场运动至关重要。革命不是来自议会办公室、公司董事会会议室或建筑设计工作室，革命来自街头。当足够多的普通人带着足够的愤怒、激情和对变革的热情聚集在一起时，革命就开始了。当每个人都开始发出声音时，革命就发生了。

这才是真正的力量所在——来自你这样的人。

而这一切只需四个简单的动作：观察、感受、思考和交谈。

当你走在街上时，用新的眼光审视你周围的建筑。以本书中提到的三个视距来判断它们，问问自己它们给你的感觉如何。你要满怀信心，你的情绪反应和所有人一样非常重要。

你正在看的建筑是否足够有趣，是否足以在你经过时吸引你的注意力？ 如果是，为什么？ 它的设计者是如何取得成功的？ 如果它没有吸引你的注意力，又是为什么？

我希望你去发现新的想法和感受，让它们燃烧起来。当你看到辉煌时，就感受辉煌。当你看到无聊时，就表达愤怒。

因为有很多事情值得愤怒。下次当你发现自己被无聊包围时，花点时间想象一下，如果“现代主义的异端”从未发生过，那个地方会是什么样子。想象一下，如果街上的每一座建筑都足够有趣，并能在你经过它们时吸引你的注意，那么这条街道会是什么样子？ 那么这个社区会是什么样子？ 这座城市又会是什么样子？ 如果这个简单的规则得到了遵守，而我们又没有在上个世纪集体遭受一亿座无聊建筑的摧残，那么这个世界将会有多少额外的快乐和让人心醉神往呢？

所有这些本该属于你的快乐和心醉神往都被偷走了。这些快乐和心醉神往正不断被那些不在乎自己的作品会给普通过路人带来什么感受的业内专业人士偷走。

是时候对持续不断的环境灾难感到愤怒了。这些灾难正是伴随着无休止地建造不受人喜爱的建筑而后将之拆除，并用更多不受人喜爱的建筑取而代之而来的。

但不要让愤怒击垮你。让它帮助你满怀激情地欣赏建筑中的所有光彩，无论是旧的还是新的，这些建筑确实都设法变得慷慨而有趣。好好享受这些建筑吧。为它们喝彩。让它们鼓舞你，为你指明通往美好未来的道路，让我们的街道两旁不再排列着有害的无聊，而是充满魅力和欢乐。

在你观察、感受并思考过你周围的建筑之后，还有至关重要的最后一步；你必须将自己观察和感受到的一切，向你认为可能和你一样对此关心的人分享，分享你的敬畏，分享你的希望，分享这本书。鼓励你赠予这本书的人，让他们也去传阅。让书中的信息缓慢而坚定地从一个人传播到另一个人。让革命不断发展壮大，让革命之火熊熊燃烧。

在www.humanise.org网站上，你可以找到那些和我有同样看法的其他人所撰写的资源和推荐读物。你还可以找到与活动家、组织和创作者联系的方式，他们都凝集在一起，为有趣而战。

我向你保证，我将把余生献给这场战争。但我需要你，亲爱的过路人，加入我们吧！ 我们的目标并不高远；我们只是想要不无聊的建筑！ 但如果我们赢了，我们将改变地球的面貌和未来。

你也可以成为人本化运动的一员。你所要做的就是走到大街上，去观察、去感受、去思考、去交谈。

是时候睁开眼睛，发出声音了。

是时候结束这本关于无聊的书了。

是时候以人为本了。

致谢

我最要感谢的人是威尔·斯托尔（Will Storr），他是我在本书中的亲密合作者：一位才华横溢的作家、研究者和朋友，他从重要项目中抽出时间来与我合作。三年来，我们一起旅行、思考和辩论。没有人比他更能帮助我将断断续续的想法、直觉和创意具体化，形成连贯而有力的叙述的了。

也要感谢企鹅兰登书屋的盖尔·雷布克（Gail Rebuck），是她最初提出了出书的想法，还有我的朋友玛拉·高卡尔（Mala Gaonkar），是她经常督促我把想法写下来，写成这本宣言。我的经纪人伊丽莎白·沙因克曼（Elizabeth Sheinkman）在整个过程的各个阶段都给予了我指导，我非常感谢她的大力支持。在维京出版社（Viking），丹尼尔·克鲁（Daniel Crewe）和格雷格·克洛斯（Greg Clowes）耐心而善意的编辑建议对我帮助很大，我非常感激。并且，在中文版的出版过程中，任格和王海宽一直是这本书的勤奋且富有创意的合作者。

简·雅各布斯（Jane Jacobs）、简·盖尔（Jan Gell）和克里斯托弗·亚历山大（Christopher Alexander）的著作对我和其他许多人都产生了巨大的影响。我同样也受到了理查德·罗杰斯（Richard Rogers）的启发，他是一位有勇气和能力掀起一场关于建筑环境质量的全民讨论的建筑师。

我与众多杰出人士进行过多次激动人心的讨论，其中包括莎莉·戴维斯（Dame Sally Davies）、克里斯·安德森（Chris Anderson）、奇·珀尔曼（Chee Pearlman）、埃德·贾维斯（Ed Jarvis）、雨果·斯皮尔斯（Hugo Spiers）、劳拉·格雷戈里安斯（Lara Gregorians）和丹尼尔·格雷泽（Daniel Glazer）。我还要感谢西蒙·斯涅克（Simon Sinek）、诺丽娜·赫兹（Noreena

Hertz)、保罗·芬奇（Paul Finch）、保罗·莫雷尔（Paul Morrell），以其他许多人慷慨提供的智慧和建议。

我的客户教会了我如何通过路人和最终用户的眼光来看待项目。特别是谷歌的戴夫·拉德克利夫（Dave Radcliffe）、玛丽·戴维奇（Mary Davidge）和米歇尔·考夫曼（Michelle Kaufmann），以及基思·克尔（Keith Kerr），我和他们花了很多很多时间讨论这本书中的观点。

工作室的出版经理雷切尔·贾尔斯（Rachel Giles）一直非常耐心、坚定和积极地引导我完成这本书。本书的设计师本·普雷斯科特（Ben Prescott）非常善于合作，他凭直觉理解了我一直试图表达的东西。塞西莉亚·麦凯（Cecilia Mackay）坚持不懈地为这本书寻找出色的图片，她是一位严谨、富有创造力的同事。盖尔·莫尔特（Gayle Mault）在本书的初期阶段给予了我极大的帮助。在中文版中，同样感谢齐济（Ji Qi）、肖思洋（Sherry Xiao）、熊叶昕（Yexin Xiong）、甄静妍（Christine Yan）、郑可欣（Nicole Teh）在翻译和设计上的鼎力相助。

我还要特别感谢我十几岁的孩子们，莫斯（Moss）和维拉（Vera），是他们帮助我通过他们的眼睛来看待建筑。还有我的伴侣聪（Cong），一路上用她的智慧和爱支持着我。我还要感谢我的父母休·赫斯维克（Hugh Heatherwick）和斯蒂芬妮·托玛琳（Stefany Tomalin），是他们培养了我对这个世界的痴迷，并鼓励我追求自己的爱好。

最后，在赫斯维克工作室，我要感谢团队的每一位成员，是你们和我一起经历了这三十年的所有风风雨雨，而这三十年也是一场非同寻常的探险之旅——我们共同探索和学习如何使我们的城市人本化。这些年来你们对我的信任，让我有信心和经验来写这本书。我迫不及待地想看到你们接下来的创作！

索引：
第一部分：
人性化与非人性化的地方

人体化的地方

p. 14，“直线属于人类……”
Megan Cytron, ‘Buildings that break the box’, *Salon*, 21 February 2011.

p. 16，“米拉之家于 1912 年竣工后……”
www.lapedrera.com/en/la-pedrera.

p. 19，“当高迪得知……”
www.lapedrera.com/en/la-pedrera/history.

p. 19，“最终，这些柱子……
www.makespain.com/listing/casa-mila-barcelona/.

p. 30，“高迪于 1883 年开始圣家堂的建造工程……”
Alex Greenberger, ‘In Barcelona, years-long Sagrada Família completion pushed back by pandemic’, *ArtNews*, 17 September 2020.

p. 32，“每年约有 450 万人排队……”
‘Barcelona's Sagrada Família gets permit after 137 years’, *BBC News*, 8 June 2019.

p. 38，“瓦尔登 7 号建于 1975 年……”
https://www.world-architects.com/en/ricardo-bofill-taller-de-arquitectura-barcelona/project/walden-7.

p. 38，“瓦尔登 7 号楼高 14 层……”
https://www.archdaily.com/332142/ad-classics-walden-7-ricardo-bofill.

p. 44，“海洋大厦建成于 1930 年……”
https://www.archiseek.com/2009/1930-marine-building-vancouver-british-columbia/.

p. 44，“鱼、海马、龙虾……”
Michael Windover, *Art Deco: A Mode of Mobility*, Presses de l'Université du Quebec, 2012, pp. 63–74.

p. 46，“当有人质疑……”
同上，p. 7.

p. 48，“当人们在某个场景中行走时……”
Ann Sussman and Justin B. Hollander, *Cognitive Architecture*, Routledge, 2014, p. 17.

灾难的剖析

p. 100，“据估计……”
Charlotte McDonald, ‘How many birds are killed by windows?’ *BBC News*, 4 May 2013.

p. 112，“一位名叫科林 · 埃拉德……”
Colin Ellard, *Places of the Heart*, Bellevue Literary Press, 2015, pp. 107–9.

p. 115，“每一秒钟……”
www.britannica.com/science/information-theory/Physiology.

p. 116，“埃拉德的结论是……”
Ellard, p. 112.

p. 117，“研究还发现……”
J. Sommers and S. J. Vodanovich, ‘Boredom proneness: Its relationship to psychological and physical health symptoms’, *Journal of Clinical Psychology*, vol. 56, 2000, pp. 149–55.

p. 117，“《科学美国人》的一篇报道发现……”
Anna Gosline, ‘Bored to death: Chronically bored people exhibit higher risk-taking behavior’, *Scientific American*, 26 February 2007.

p. 117，“伦敦国王学院的研究人员……”
A. Kılıç, W. A. P. van Tilburg and E. R. Igou, ‘Risk-taking increases under boredom’, *Journal of Behavioral Decision Making*, vol. 33, 2020, pp. 257–69.

p. 117，“科学家们甚至还发现……”
W. A. P. van Tilburg and E. R. Igou, ‘Going to political extremes in response to boredom’, *European Journal of Social Psychology*, vol. 46, 2016, pp. 687–99.

p. 121，“2008 年，美国科学家……”
S. C. Brown et al., ‘Built environment and physical functioning in Hispanic elders: The role of “eyes on the street”’, *Environmental Health Perspectives*, vol. 116, no. 10, 2008, pp. 1300–1307.

p. 122，“弗朗西斯 · 郭博士……”
Frances E. Kuo, ‘Coping with poverty: Impacts of environment and attention in the inner city’, *Environment and Behavior*, vol. 33, no. 1, January 2001, pp. 5–34.

p. 123，“在大自然中待上 20 秒钟……”
Sarah Williams Goldhagen, *Welcome to Your World: How the Built Environment Shapes Our Lives*, HarperCollins, 2017, p. 55.

p. 123，“令人难以置信的是，从医院的窗户……”
Ethan Kross, *Chatter: The Voice in Our Head (and How to Harness It)*, Ebury Press, 2021, p. 99.

p. 124，最近，华威大学的学者们进行了一项新的研究……”
Chanuki Illushka Seresinhe, Tobias Preis and Helen Susannah Moat ‘Using deep learning to quantify the beauty of outdoor places’, *Royal Society Open Science*, vol. 4, no. 7, 2017.

p. 124，“其中一位研究人员查努基 · 塞勒辛赫博士……”
Chanuki Illushka Seresinhe, ‘Natural versus human-built beauty: Which impacts our wellbeing more?’ *What Works Wellbeing* [website], 18 October 2019.

p. 125, “一项关于人们对……”
Maddalena Iovene, Nicholas Boys Smith and Chanuki Illushka Seresinhe, *Of Streets and Squares*, Create Streets, Cadogan, 2019.
p. 129, “在街上的一次短暂偶遇……”
Marwa al-Sabouni, *The Battle for Home: The Vision of a Young Architect in Syria*, Thames and Hudson, 2016, Kindle locations 774, 788, 806.
p. 129, “随后出现了一种新的建筑和街道风格……”
Marwa al-Sabouni, ‘How Syria's architecture laid the foundation for brutal war’, TED Talk, August 2016.
p. 129, “这些新社区将人们……”
al-Sabouni, *The Battle for Home*, 802, 885.
p. 129, “在霍姆斯老城……”
同上 , 811, 885..
p. 130, “但萨布尼坚信……”
al-Sabouni, TED Talk.
p. 131, “当 2 000 多名美国人……”
Kriston Capps, ‘Classical or modern architecture? For Americans, it's no contest’, *Bloomberg*, 14 October 2020.
p. 131, “一项对英国公众建筑品位的系列调查分析……”
Ben Southwood, ‘Architectural preferences in the UK’, *Works in Progress* [newsletter], 29 March 2021.
p. 131, “2021 年，智库‘政策交流’……”
Harry Yorke, ‘Public prefers traditional styles to Brutalism in boost for planning reforms’, *The Telegraph*, 28 March 2021.
p. 132, “2015 年的一项调查发现……”
https://corporate.uktv.co.uk/news/article/nations-favourite-buildings-revealed/.
p. 133, “世界十大最受喜爱的建筑……”
James Andrews, ‘Every country's favourite architect’, *Money* [website], 10 February 2022.
p. 136, “每年全球碳排放中……”
World Green Building Council, ‘Bringing embodied carbon upfront’, https://worldgbc.org/article/bringing-embodied-carbon-upfront/.
p. 136, “制作 1 个巨无霸需要 4kg 碳。”
‘The carbon footprint of a cheeseburger’, *SixDegrees* [website], 4 April 2017, https://www.six-degreesnews. org/archives/10261/the-carbon-footprint-of-a-cheeseburger.
p. 136,“制造、运输和运行 1 部 iPhone 需要 4 600kg 碳。”
‘Product Environmental Report, iPhone 12’, https://www.apple.com/kr/environment/pdf/products/iphone/iPhone_12_PER_Oct2020.pdf
p. 136, “1 辆汽车行驶 1 年 需要 4 600kg 碳。”
EPA, ‘Greenhouse gas emissions from a typical passenger vehicle’, www.epa.gov/greenvehicles/greenhouse-gas-emissions-typical-passenger-vehicle.
p. 136 “1 个普通美国人 1 年的生活需要 16 000kg 碳。”
https://www.nature.org/en-us/get-involved/how-to-help/carbon-footprint-calculator/.
p. 136,“将 1 枚载人火箭送入太空需要 250 000kg 碳。”
Katharine Gammon, ‘How the billionaire space race could be one giant leap for pollution’, *The Guardian*, 19 July 2021.
p. 136, “建造伦敦（并不无聊）的‘奶酪刨摩天楼’……”
Reed Landberg and Jeremy Hodges, ‘What's wrong with modern buildings? Everything, starting with how they're made’, *Bloomberg*, 20 June 2019.
p. 137, “根据盖蒂保护研究所……”
Kyle Normandin and Susan Macdonald, *A Colloquium to Advance the Practice of Conserving Modern Heritage, March 6–7, 2013, Meeting Report*, pp. 36, 42–3.
p. 138, “《建筑师杂志》的编辑称……”
Will Hurst, ‘Demolishing 50,000 buildings a year is a national disgrace’, *The Times*, 28 June 2021.
p. 138, “每 12 个月……”
‘Bringing embodied carbon upfront’, https://worldgbc.org/article/bringing-embodied-carbon-upfront/
p. 138, “在英国，每年有 5 万座……”
Hurst, ‘Demolishing 50,000 buildings’.
p. 138, “……商业建筑的平均寿命……”
‘Buy Less Stuff’, *39 Ways to Save the Planet* [podcast], BBC Sounds, 30 August 2021.
p. 139, “2021 年，中国建筑业……”
EnvGuide, China Construction and Demolition Waste Disposal Industry Market Report, June 2021.
p. 143, “纯属无知或视盲”
Stephen Gardiner, *Le Corbusier*, Fontana, 1974, p.15.
p. 143, “是反动、保守和反进步的……”
Joe Mathieson and Tim Verlaan, ‘The far right's obsession with modern architecture’, failedarchitecture.com, 11 September 2019.

第二部分：无聊崇拜是如何席卷世界的？

何为建筑师？

p. 161, “在《建筑十书》……”
britannica.com/topic/architecture/Commodity-firmness-and-delight-the-ultimate-synthesis.
p. 166, “关于建筑师是什么……”
The argument that follows is a summary of that which appears in T. J. Heatherwick, ‘The Inspiration of Construction: A Case for Practical Making Experience in Architecture’, unpublished dissertation, 1991.
p. 169, “到了 19 世纪初……”
Jackie Craven, ‘How did architecture become a licensed profession?’, *ThoughtCo.*, 30 January 2020.
p. 182, “建筑是艺术，别无其他。”
Lance Hosey, ‘Why architecture isn’t art (and shouldn’t be)’, *ArchDaily*, 8 March 2016.
p. 182, “我想特别谈谈作为一门艺术的建筑……”
https://www.paulrudolph.institute/quotes.
p. 182, “建筑是一种视觉艺术……”
The Right Angle Journal [online journal], Question no. 4 (Part I).
p. 182, “建筑是最伟大的艺术。”
Richard Meier, ‘Is Architecture art’? [video], *Big Think*, bigthink.com/videos/is-architecture-art/.
p. 184, “现代主义是……”
Pericles Lewis, *The Cambridge Introduction to Modernism*, Cambridge University Press, 2007, p. 12.
p. 185, “他们创作的艺术……”
同上，p. 6.
p. 186, “绘画、雕塑、文学、诗歌、音乐……”
Samuel Jay Keyser, *The Mental Life of Modernism: Why Poetry, Painting, and Music Changed at the Turn of the Twentieth Century*, MIT Press, 2020, p. 1.
p. 186, “先锋诗人查尔斯 · 波德莱尔写道……”
Lewis, p. 16.
p. 188, “用现代主义诗人、作家、剧作家……”
Wendy Steiner, *Venus in Exile: The Rejection of Beauty in Twentieth-Century Art*, The Free Press, 2001, p. 61.
p. 188, “相反，正如抽象派画家……”
Barnett Newman, ‘The sublime is now’, theoria.art-zoo.com/the-sublime-is-now-barnett-newman/.
p. 192, “装饰被认为是……”
Steiner, p. 79.
p. 192, “一个又一个的宣言诋毁装饰……”
Wendy Steiner, ‘Beauty is shoe’, *Lapham’s Quarterly*, https://www.laphamsquarterly.org/arts-letters/beauty-shoe.

遇见“无聊之神”

p. 194, “勒 · 柯布西耶出人意料地……”
Adam Sharr, *Modern Architecture*, Oxford University Press, 2018, p. 58.
p. 194, “建筑是高于一切的艺术。”
New Architecture, Dover, 1986, p. 110.
p. 196, “勒 · 柯布西耶把典型的家庭住宅……”
同上，p. 277.
p. 196, “中世纪城市中心古老蜿蜒的街道……”
Le Corbusier, *The City of Tomorrow and Its Planning*, Dover, 1987, Kindle location 1128.
p. 198, “勒 · 柯布西耶认为……”
Corbusier, *Towards a New Architecture*, p. 87.
p. 198, “他喜欢讲述自己……”
Corbusier, *The City of Tomorrow*, 3149.
p. 200, “售价近 1 000 美元……”
截至 2021 年 6 月，该书在亚马逊网站上的出版定价为 975 美元。
p. 200, “……以至于其他建筑师有时会拿他开玩笑……”
Malcolm Millais, *Le Corbusier: The Dishonest Architect*, Cambridge Scholars Publishing, 2017, pp. 30, 52.
p. 203, “适合简单的种族、农民和野蛮人……”
Corbusier, *Towards a New Architecture*, p. 83.
p. 204, “装饰是一种普遍现象……”
Gaia Vince, *Transcendence: How Humans Evolved through Fire, Language, Beauty and Time*, Allen Lane, 2019, pp. 129, 132, 134.
p. 204, “其他……装饰贝壳……”
Helen Thompson, ‘Zigzags on a shell from Java are the oldest human engravings’, *Smithsonian Magazine*, 3 December 2014.
p. 205, “一些我们所知最早的……”
Vince, pp. 171, 172.
p. 205, “像这样的早期建筑……”
https://whc.unesco.org/en/list/1572/.
p.206, “即使是距今 6.5 万年……”
Vince, p. 174.
p. 206, “研究人员发现……”
Goldhagen, pp. 232, 298.
p. 206, “……光秃秃的混凝土墙壁……”
同上，pp. 55, 57.
p. 209, “他主张将巴黎右岸……”
Corbusier, *The City of Tomorrow*, 3318, 3274.

p. 210，“他还坚持认为……”
Corbusier, *Towards a New Architecture*, pp. 31, 153.
p. 212，“2021 年，标志性旅游丛书……”
Lottie Gross, 'The most beautiful city in the world – as voted by you', *Rough Guides* [website], 5 August 2021.
p. 215，“如果房屋也像汽车底盘一样……”
Corbusier, *Towards a New Architecture*, p. 133.
p. 216，“2012 年，澳大利亚悉尼大学……”
Pall J. Lindal, Terry Hartig, 'Architectural variation, building height, and the restorative quality of urban residential streetscapes', *Journal of Environmental Psychology*, vol. 33, 2013, pp. 26–36.
p. 217，“在勒 · 柯布西耶之后的一个世纪……”
Iovene et al., pp. 6, 76, 174.
p. 219，“我们很少留意……”
Corbusier, *The City of Tomorrow*, 2771.
p. 220，“2013 年，奥辛 · 瓦塔尼安……”
O. Vartanian et al., 'Preference for curvilinear contour in interior architectural spaces: Evidence from experts and nonexperts', *Psychology of Aesthetics, Creativity, and the Arts*, 2017.
p. 221，“在另一项研究中，参与者将曲线形状……”
O. Blazhenkova and M. M. Kumar, 'Angular versus curved shapes: correspondences and emotional processing', *Perception*, vol. 47, no. 1, 2018, pp. 67–89.
p. 221，“另外，研究人员还发现……”
G. Corradi and E. Munar, 'The Curvature Effect', in M. Nadal and O. Vartanian (eds), *The Oxford Handbook of Empirical Aesthetics*, Oxford University Press, 2020, pp. 35–52.
p. 221，“研究表明，幼龄儿童……”
Rachel Corbett, 'A new study suggests why museum architecture is so curvy – and it's not because visitors like it that way', *ArtNet*, 25 February 2019.
p. 222，“神经科学家发现……”
Goldhagen, p. 67.
p. 227，“我们的街道已经不再适用了……”
Le Corbusier, *The Radiant City*, Orion Press, 1967, p. 121.
p. 227，“咖啡馆和娱乐场……”
Corbusier, *Towards a New Architecture*, p. 61.
p. 228，“西雅图的研究人员发现……”
Tasmin Rutter, 'People are nicer to each other when they move more slowly': how to create happier cities', *Guardian*, 8 September 2016.
p. 228，“它们会让我们感到……”
Goldhagen, p. 110.
p. 230，“人类是‘趋触性的’……”
Sussman and Hollander, p. 19.
p. 231，“勒 · 柯布西耶希望巴黎右岸……”
Corbusier, *The City of Tomorrow*, 3274.
p. 231，“但调查发现，最受人们喜爱的……”
Iovene et al., p. 6.
p. 233，“要想知道这样一座……”
Corbusier, *The City of Tomorrow*, 3289.
p. 235，“城市设计专家爱丽丝 · 科尔曼……”
Alice Coleman, *Utopia on Trial*, Hilary Shipman, 1985.
p. 235，“……罗伯特 · 吉福德认为……”
Nicolas Boys Smith, 'Can high-rise homes make you ill?', *EG News*, 10 May 2015.
p. 236，“1971 年，电影制片人……”
'Where the Houses Used to Be' [documentary], 1971 https://player.bfi.org.uk/free/film/watch-where-the-houses-used-to-be-1971-online
p. 238，“设计图是由内而外进行规划的……”
Corbusier, *Towards a New Architecture*, p. 177.
p. 240，“1929 年，勒 · 柯布西耶在法国西南部……”
Helena Ariza, 'La Cité Frugès: A modern neighborhood for the working class', architecturalvisits.com, 27 January 2015.
p. 240，“销售这些别墅的房地产经纪人……”
Millais, p. 61.
p. 241，“2015 年，建筑作家海伦娜 · 阿里扎……”
Ariza, 'La Cité Frugès'.
p. 242，“建筑师兼评论家彼得 · 布莱克……”
Peter Blake, *Le Corbusier*, Penguin, 1960, p. 11.
p. 243，“建筑历史学家查尔斯 · 詹克斯……”
Charles Jencks, *Le Corbusier and the Tragic View of Architecture*, Allen Lane, 1973, p. 11.
p. 243，“建筑师兼评论家斯蒂芬 · 加德纳……”
Stephen Gardiner, *Le Corbusier*, Fontana, 1974, p. 14.
p. 247，“勒 · 柯布西耶狂热推崇的理念……”
Sharr, pp. 79–85.
p. 249，“建筑师兼评论家肯尼斯 · 弗兰普顿……”
Millais, pp. 190, 127.
p. 250，“内城的贫民窟往往……”
Gus Labin, 'Why architect Le Corbusier wanted to demolish downtown Paris', *Business Insider*, 20 August 2013.
p. 253，“正是密斯帮助推广了‘少即是多’这句话。”
'What did Mies van der Rohe mean by less is more?', phaidon.com/agenda/architecture/articles/2014/april/02/what-did-mies-van-der-rohe-mean-by-less-is-more/.

如何（意外地）制造一种“异端”？

p. 264，“使用那些能够影响我们……”
Corbusier, *Towards a New Architecture*, pp. 16–17.
p. 266，“在七年学生培训的大部分时间里……”
Patrick Flynn Miriam Dunn, Maureen O'Connor and Mark Price, *Rethinking the Crit: A New Pedagogy in Architectural Education*, ACSA/EAAR Teachers Conference Proceeding, 2019, p. 25.
p. 266，“一种成人仪式……”
Rachel Sara and Rosie Parnell, 'Fear and learning in the architectural crit', *Field*, vol. 5, no. 1, pp. 101–125.
p. 268，“心理学家早就知道……”
Joseph Henrich, *The Secret of Our Success*, Princeton University Press, 2016, pp. 35–53.
p. 268，“2017 年，《卫报》……”
Susan Sheahan, 'Advice for student architects: How to survive the crit', *The Guardian*, 1 Jun 2017.
p. 268，“为了正确理解这种体验……”
Sara and Parnell.
p. 271，“2019 年，一群建筑教育工作者发现……”
Flynn 等人 , pp. 25–28.
p. 273，“我们看到……”
Jacques Derrida, 'The Art of Memoires', trans. Jonathan Culler, in *Jacques Derrida, Memoires for Paul De Man*, Columbia University Press, 1986, pp. 45–88, 72.
p. 275，“……大卫 · 哈尔彭博士注意到了这个问题……”
David Halpern, *Mental Health and the Built Environment*, Taylor & Francis, 1995, pp. 161–3.
p. 280，“我们当像潮水一样……”
tparents.org/Moon-Talks/SunMyungMoon09/SunMyungMoon-090707.htm.
p. 281，“天堂之门”
Will Storr, *The Status Game: On Human Life and How to Play It* , William Collins, 2021, pp. 193–9.
p. 281，“雷尔教派的教徒们……”
Han Cheung, 'Baptism by DNA transmission', *Taipei Times*, 23 August 2017.
p. 283，“建筑废话”
Archibollocks [blog], archibollocks.blogspot.com.
p. 285，“……有 6% 的住宅……”
Finn Williams, 'We need architects to work on ordinary briefs, for ordinary people', *Dezeen*, 4 December 2017.
p. 291，“1923 年，勒 · 柯布西耶曾抱怨……”
Corbusier, *Towards a New Architecture*, p. 87.

为什么到处看起来都像利润?

p. 294，“工业革命引发了……”
Sharr, pp. 4–32.
p. 296，“……横贯欧洲和北美的铁路……”
同上 , p. 24.
p. 300，“英国超过 100 万座房屋……”
https://www.britannica.com/event/the-Blitz.
p. 300，“……日本……有 19%……”
Tatiana Knoroz, 'The Rise and Fall of Danchi', *ArchDaily*, 19 February 2020.
p. 303，“据建筑师克里斯托夫 · 梅克勒……”
Von Romain Leick et al., 'A new look at Germany's postwar reconstruction', *Der Spiegel*, 10 August 2010.
p. 306，“苏格兰偶像级喜剧演员比利 · 康诺利……”
'Billy Connolly: Made in Scotland', bbc.co.uk/programmes/b0bwzhy6.
p. 310，“1967 年，45% 的美国大学生认为……”
Jean Twenge, Generation Me, *Atria*, 2006, p. 99.
p. 310，“心理学家在 2015 年的一项调查中发现……”
Shelly Schwarz, 'Most Americans, rich or not, stressed about money: Surveys', *CNBC*, 3 August 2015.
p. 310，“……一项重大全球调查……”
IPSOS, *Global Attitudes on Materialism, Finances and Family; The Global Trends Survey: A Public Opinion Report Key Challenges Facing the World*, 13 December 2013.
p. 312，“根据城市地理学家塞缪尔 · 斯坦因的说法……”
Samuel Stein, *Capital City*, Verso, 2019, p. 2.
p. 312，“他告诉我……”
Conversation between Thomas Heatherwick and Paul Morrell, 11 March 2022.
p. 324，“……建筑设计师却不得不面对……”
Oliver Wainwright, 'Are building regulations the enemy of architecture?', *The Guardian*, 28 February 2013.
p. 324，“建筑师利亚姆 · 罗斯……”
L. Ross and T. Onabolu, *Venice Take Away: The British Pavilion at the 13th Venice Architecture Biennale/RIBA Ideas to Change British Architecture Season: British Standard Lagos Exception*, AA Publications, 2012.
p. 336，“政客们首先想到的是……”
Conversation between Thomas Heatherwick and Paul Morrell, 11 March 2022.

第三部分：如何使世界重新人本化

改变我们的思维方式

p. 363，“早在 20 世纪 60 年代……”
https://www.nas.gov.sg/archivesonline/blastfromthepast/gardencity.
p. 379，“我学会了衬线字体和无衬线字体……”
Loukas Karnis, 'How Steve Jobs became the Gutenberg of our times', *typeroom* [website], 15 July 2016.
p. 379，“……一间极其安全的房间……”
Yoni Heisler, 'Inside Apple's secret packaging room', *Network World*, 24 January 2012.
p. 379，“包装就像一座剧场……”
Karen Blumenthal, *Steve Jobs: The Man Who Thought Different*, Bloomsbury, 2012, p. 208.

房间里的大象

p. 426，“我们吸烟更少……”
Xiochen Dai et al., 'Evolution of the global smoking epidemic', *Tobacco Control*, vol. 31, 2022, pp. 129–37.
p. 426，“……使用安全带更多……”
'Stronger "buckle up" laws change attitudes among young drivers', *UCL News*, 21 October 2022.
p. 426，“吃素食的人也越来越多……”
https://www.statista.com/topics/8771/veganism-and-vegetarian-ism-worldwide/.
p. 426，“……‘亚瑟港大屠杀’……”
Calla Wahlquist, 'It took one massacre: How Australia embraced gun control after Port Arthur', *The Guardian*, 14 March 2016.
p. 426，“2005 年，在电视厨师杰米 · 奥利弗……”
Jo Revill and Amelia Hill, 'Victory for Jamie in school meal war', *The Observer*, 6 March 2005.
p. 428，“……二战前的建筑……”
Michael Benedikt, '18 ways to make architecture matter', *Common Edge*, 8 February 2022.
p. 429，“但同时存在的现实是……”
Anu Madgavkar, Jonathan Woetzel and Jan Mischke, 'Global wealth has exploded. Are we using it wisely?', *McKinsey Global Institute* [website], 26 November 2021.
p. 429，“……全球建筑业上投入的资金……”
'Global construction trends', *Market Prospects* [website], 13 August 2021.
p. 432，“……全球建筑业每年产生……”
'The global construction and demolition waste market is estimated to be USD 26.6 billion in 2021', *Yahoo! Finance* 13 October 2021.
p. 432，“在美国，大约 90%……”
'28 incredible statistics about waste generation', *Stone Cycling* [website], 3 September 2021.

改变我们的行为方式

p. 438，“建筑师由于……”
Norman Shaw and T. G. Jackson (eds), *Architecture: A Profession or an Art, Thirteen Short Essays on the Qualifications and Training of Architects*, John Murray, 1892, p. xxviii.
p. 439，“我们所抗议的是……”
同上 , p. 69.
p. 439，“白手起家的实干家的形象……”
Sharr, p. 24.
p. 451，“堆积木”项目……”
https://www.blockbyblock.org/projects/beirut
p. 467，“……约书亚 · 弗米利恩利用人工智能……”
Alyn Griffiths, 'Joshua Vermillion: How AI Art Tools Could Revolutionize Architectural Design', *WEPRESENT* [website] 9 May 2023.
p. 471，“到 2050 年，我们每三个人中……”
Goldhagen, p. xviii.

图片来源

除下方注明版权，所有图片版权均归 Heatherwick Studio 所有。我们已尽一切努力与所有版权持有者取得联系，并期望在后续的版本中修改差错或遗漏。

下文数字指页码，括号注明为图片的进一步来源。

缩写规则:

t = top（上方） l = left（左侧）
c = centre（中间） r = right（右侧）
b = bottom（底部）

123rf.com: 209 (*wrecking ball*)
4CornersImages: 18, 150–151 (Luigi Vaccarella), 155 b (Sebastian Wasek), 158 bl, 404-405 (Maurizio Rellini), 223 (Ben Pipe), 388 l (Aldo Pavan), 391 bl (Massimo Ripani)
ACME: 357 c & b (Jack Hobhouse)
Adobestock: 406
akg-images: 191 bl (Interfoto/Sammlung Rauch), 195 (Keystone), 244–6 (Schütze/Rodemann), 255 tl (Mondadori Portfolio/Archivio Fabrizio Carraro), 302, 305
Alamy: 16 l & r, 26 c, 47 bc, 47 bl, 47 tr, 60–61, 64–5, 77 t, 80 b, 81 t, 104, 108 c, 126 t, 127 t, 140, 156 b, 162, 165 l, 166 t & b, 188–9, 203 tl, 207, 213, 219 t, 219 b, 229, 234, 313, 314-5, 352, 355 t, 390 tr, 397 r, 399 t, 403, 407, 436–7, 454, 468, 408–9
Alessi: 378
Alexander Turnbull Library, Wellington: 155t (Albert Percy Godber)
AntiStatics Architecture: 390 bl (Xia Zhi)
Archmospheres: 108b (Marc Goodwin)
Ashley Sutton Design: 335 t
AVR London: 26 l (Richard Chivers)
© Iwan Baan: 384, 418–19
© Murray Ballard: 353 tr
Peter Barber: 366–7
© Bed Images: 360–61
Ben Harrison Photography: 353 cr;
Ben Prescott Design: 26–7 (*crack*), 54–5, 96–7, 286, 311, 318, 319, 391 br, 399 b, 446, 474–85
Bigstock: 101, 156 tr; 316
Block by Block (www.blockbyblock.org): 451 l
Karl Blossfeldt: 224–5
(Christie's), 186 & 187 (Private Collection), 190 tl (Maidstone Museum & Art Gallery), 190 tr (Kunstmuseum, Basel), 398 (Look & Learn)
© Camera Press London: 102 (Michael Wolf/© Estate of Michael Wolf/LAIF)
© Brett Cole: 118–19
Columbia University Rare Book & Manuscript Library: 197 t
Design Council Archive, University of Brighton Design Archives: 171
Jinnifer Douglass (www.jinyc-photo.com): 113
Dreamstime: 29, 32, 98–9, 109 t
Flickr Creative Commons: 47 tl & tc (Sandra Cohen-Rose and Colin Rose), 47 br (Louise Jayne Munton)
Fondation Le Corbusier: 239, 240
Foster + Partners: 108 t (Chris Goldstraw), 389 (Nigel Young)
Getty Images: 28 tc, 28 tr, 29 t, 34 b, 68–9, 110–11, 120, 124–5, 134–5, 138–9 b, 142, 152, 158 br, 158 t, 159 b, 163, 197 b, 198–9, 201, 203 bl & br, 215, 227, 230, 233, 236, 242, 243, 250–51, 253, 254 bl & br, 255 tr, bl & br, 258–9, 260–61, 272, 280, 298–9, 301, 307, 333, 396 l & r, 449
Heatherwick Archives: 173 t, 175 l, 179 bl, 179 br, 180, 181 b & r
Heatherwick Studio: 9, 10–11, 27 r, 56–83, 209 (*wrecking ball model*), 328–9, 348–9, 381, 391 tl, 425 t, 462 (Raquel Diniz), 165 r, 356 b, 388 r (Rachel Giles), 28 c & l, 42–3, 49-50, 72, 73, 78, 84, 132–3, 355 b & c, 358 b & c, 362, 368, 371, 387, 390 br (Thomas Heatherwick), 461, 463 (Pintian Liu), 442–3 (Jethro Rebollar), 90, 204–205, 266, 268–9, 276–7 (Olga Rienda); 460 (Joanna Sabak), 422–3
© Clemens Gritl: 210–211
Groupwork: 358 t (Tim Soar)
© Historic England Archive: 237 (John Laing Photographic Collection)
Historic Environment Scotland: 306 (© Crown Copyright)
Houghton Library, Harvard University: 168
Hufton + Crow: 26 r, 420, 421

iStock: 28 cl, cr, bl & br, 34 t & l, 35 l, 56–7, 58–9, 66–7, 70–71, 74–5, 76, 77 b, 79, 80 t, 81 b, 92–5, 106–7, 109 cl, 138 tl & tr, 139 tl & tr, 154 t, 156 tl, 157, 159 t, 164, 173 cl, c, cr, bl & br, 203 tc & tr, 261 (*skyscraper*), 287, 290, 324, 376–7, 382, 385, 389, 394–5, 457
J. Paul Getty Museum, Los Angeles: 191 br (Karl Grill)
Kent & Sussex Courier: 308 c
Library of Congress, Prints & Photographs Division: 196 (Jacob Riis), 308 b
Louis Vuitton/Yayoi Kusama, courtesy Victoria Miro: 334 t
Cecilia Mackay: 353 tl, cl & bl
© Magnum Photos: 247 (René Burri)
Metropolitan Museum of Art, New York: 190 tl
© Geoffrey Morrison: 37
Musée Carnavalet, Histoire de Paris: 296–7 (Paris Musées CC0)
Nature Picture Library: 342–3 (Ingo Arndt)
Norman B. Leventhal Map Center, Boston **Public Library:** 209 (*map*)
NOWA: 109 cr (Peppe Maisto)
Ong-Ard Architects: 401 (Chatturong Sartkhum)
Oxford Properties: 45
Oxypower: 390 tl
© Paul Grover Photography: 427
Pier Carlo Bontempi & Dominique Hertenberger: 400 (Luc Boegly)
© Project for Public Spaces: 231 (William H. Whyte)
Quinlan Terry: 402 (Nick Carter)
RDNE Stockproject: 175 r
Reuters: 128
Lucy Runge: 391 tr
© Scala, Florence, 2023: 149b, 149t (BAMSphoto)
© Christian Schallert: 17
Jen Shillingford: 326–7
Shutterstock: 35 r, 36, 62–3, 88–9, 109 b, 122–3, 144–5, 153, 154 b, 216–17, 220–221, 262–3, 278, 292–3, 317, 344, 390 c, 397 l
Andy Smith: 161, 192, 238, 320, 321, 322–3, 325, 453
Anne E. Stark: 170 b
Will Storr: 15, 25, 46, 364, 425 b
Superstock: 31
Hilton Teper: 383
TopFoto: 254 tl & tr (Chicago History Museum/Hedrich-Blessing Collection)
TorontoJourney416.com: 309 t (Denise Marie Muia)
Toronto Public Library: 308
Twelve Architects: 353 br (Jack Hobhouse)
UN Habitat/Mojang: 451 r
Joshua Vermillion: 466–7
© Verner Panton Design AG (www.verner-panton.com/Instagram @vernerpantonofficial): 334 b
Rob West (sanguinecinematics.blogspot.com): 346–7
Wikimedia Commons: 108 c (Sangshad2), 203 bc (I, Sailko), 289 l (David Shankbone), 289 r (David Schalliol), 456 (Jmh2o)
WOHA (Patrick Bingham-Hall): 365
Myles Zhang: 309 b

版权声明

以下艺术家和建筑师的作品享有额外版权：

Alexsandr Archipenko, *Femme Marchant*, 1912 © ARS, NY and DACS, London 2023: 190 tr

The Beatles, 'Yellow Submarine' (extract). Words and Music by John Lennon and Paul McCartney. Copyright © 1966 Sony Music Publishing (US) LLC and MPL Communications, Inc. in the United States. Copyright Renewed. All Rights for the World excluding the United States administered by Sony Music Publishing (US) LLC, 424 Church Street, Suite 1200, Nashville, TN 37219. International Copyright Secured All Rights Reserved. Reprinted by Permission of Hal Leonard Europe Ltd.

All works by Le Corbusier © F.L.C./ADAGP, Paris and DACS, London 2023: 239, 240, 241, 244–5, 246, 247, 248–9

Marcel Duchamp, *L.H.O.O.Q.*, 1919 © Association Marcel Duchamp/ADAGP, Paris and DACS, London 2023: 187

Pablo Picasso, *Bust of a Seated Woman*, 1960 © Succession Picasso/DACS, London 2023: 186

Alexander Rodchenko, *Lily Brik*, 1924 (detail) © 2023 Estate of Alexander Rodchenko/ UPRAVIS, Moscow: 468

All works by Mies van der Rohe © DACS 2023: 254–5

Oskar Schlemmer, 'Spiral Costume' from *The Triadic Ballet*, 1926 © Deutsches Tanzarchiv Köln: 191 br

Dmitri Shostakovich, 'Prelude I for piano, opus 34' (extract). Reproduced by permission of Boosey & Hawkes Music Publishers Ltd. © Copyright Boosey & Hawkes Music Publishers Ltd: 23

文中选取的建筑作品：

26–7 世界可能的样子
The Arches, Highgate, London. The DHaus Company, 2023: 26 l

The Glasshouse, Woolbeding. Heatherwick Studio, 2022: 26 r

L'Arbre Blanc, Montpellier. Sou Fujimoto, Nicolas Laisné, Manal Rachdi et Dimitri Roussel, 2019: 27 c

Little Island, New York City. Heatherwick Studio, 2021: 27 r

108–9 什么时候无聊的东西并不无聊？
House of Wisdom, Sharjah. Foster + Partners, 2020: 108 t

Jatiya Sangsad Bhaban, Dhaka. Louis Khan, 1982: 108 cr

Fyyri Library, Kirkkonummi. JKMM Architects, 2020: 108 b

Len Lye Centre, Govett-Brewster Art Museum, New Plymouth. Patterson Associates, 2015: 109 t

Royal Crescent, Bath. John Wood the Younger, 1774: 109 cl

Protiro Rehabilitation Centre, Caltigirone. NOWA, 2016: 109 cr

Cimitero Monumentale di San Cataldo, Rome. Aldo Rossi and Gianni Braghieri, 1971: 109 b

289 后现代主义和野蛮主义。
AT&T Building (550 Madison Avenue), New York. Philip Johnson and John Burgee, 1984: 289 l

Buffalo City Court Building, Buffalo. Pfohl, Roberts and Biggie, 1974: 289 r

352–3 城市，街道，门
Kring GumHo Culture Centre, Seoul. Unsangdong Architects, 2008: 352 t, c, b

Liberty, London. Edwin Thomas and Edwin Stanley Hall, 1924: 353 tl, cl, bl

The Diamond, University of Sheffield. Twelve Architects, 2015: 353 tr, cr, br

388–90 优先考虑门距
Bund Finance Center. Shanghai. Designed jointly by Foster + Partners Heatherwick Studio, 2017: 389 t

MaoHaus, Beijing. AntiStatics Architecture, 2017: 390 bl

408–9 必要的视觉复杂性。
Centre Pompidou, Paris. Renzo Piano, Richard Rogers and Gianfranco Franchini, 1977

图片来自其他出版物：

Philippe Boudon, *Lived-In Architecture: Le Corbusier's Pessac Revisited*, The MIT Press, Cambridge, 1979. Original edition © 1969 Dunod, Paris: 241

Lewis Nockalls Cottingham, *The Smith and Founder's Director*, 1824: 414 t

John Crunden, *The Joiner and Cabinet Maker's Darling*, 1770: 413 t

Theodor Däubler and Iwan Goll, *Archipenko-Album*, pub. G. Kiepenheuer, 1921: 190 tr

William Halfpenny, *Practical Architecture*, 1724: 413–14 b & c

Batty Langley, *Gothic Architecture Improved by Rules and Proportions*, 1747: 410, 413–4 b & c

Neknisk Ukeblad, 1893: 148

Giorgio Vasari, *Le vite de' piv eccellenti pittori, scvltori, e architettori*, 1568: 168

Vitruvius, *De architectura libri decem*, 1649: 160

Rainer Zerbst, *Gaudi*, Benedikt Taschen Verlag, 1988: 9–11

William H. Whyte, *The Social Life of Small Urban Spaces*, Project for Public Spaces, 1980: 231

Woman's Own, December 1981: 170 a

特别鸣谢：
Big Sky Studios, Kacper Chmielewski, DawkinsColour, Irem Dökmeci, Mason Francis Wellings-Longmore, Grace Giles, Simon Goodwin, Fred Manson, Stepan Martinowsky, Dirce Medina Patatuchi, Diana Mykhaylychenko, Leah Nichols, Peter Pawsey, Bethany Rolston, Julian Saul, Emric Sawyer, Ray Torbellin, Annie Underwood, Cong Wang, Pablo Zamorano.

Copyeditor: Gemma Wain
Proofreaders: Bethany Holmes and Nancy Marten